저도 과학은 어렵습니다만

2

저도 과학은 어렵습니다만 2
틸보 과학관장과 함께라면 온 세상이 과학

2019년 3월 15일   초판 1쇄 발행

지은이   이정모
펴낸이   정희용
편집   박은희

펴낸곳 도서출판 바틀비
주소 07255 서울시 영등포구 선유동1로 33 성도빌딩 3층
전화 02-2039-2701
팩시밀리 0505-055-2701
페이스북 www.facebook.com/withbartleby
블로그 blog.naver.com/bartleby_book
이메일 BartlebyPub@gmail.com
출판등록 제2017-000105호

ISBN 979-11-964869-4-5 (03400)

털보 과학관장과 함께라면

온 세 상 이 과 학

저도
과학은
어렵습니다만

이정모 지음

2

바틀비

청소년들이 제게 가장 많이 묻는 질문은 "관장님은 과학을 얼마나 좋아했기에 과학자가 되었나요?"라는 것입니다. 제가 물론 과학과 수학을 싫어하지는 않았습니다만 좋아하는 과목은 따로 있었죠. 체육과 음악입니다. 그런데 제가 아무리 체육과 음악을 좋아한다고 해도 이걸 직업으로 삼으면 먹고살 방법이 없겠더라고요. 그래서 제가 싫어하지 않으면서 제법 잘했던 걸 직업으로 삼게 된 것 같습니다.

저는 과학자가 아닙니다. 한때는 과학자였지만 지금은 과학 행정가이고 과학 거간꾼이죠. 흔히 말하는 사이언스 커뮤니케이터 말입니다. 시민들은 자신의 세금으로 진행되는 과학 연구에 대해서 알고 싶어 합니다. 당연한 권리입니다. 하지만 과학자들은 바쁩니다. 그래서 그 사이에서 복덕방 역할을 하는 사람이 필요하지요. 아이들과 성인들을 위한 과학책을 쓰고 영어와 독일어 과학책을 열심히 번역했습니다. 대학에서 학생들을 가르치기도 했고 도서관과 학교에 가서 강연도 많이 했습니다. 방송도 몇 번 했고요. 그랬더니 신문사에서 요청이 왔습니다. 과학 칼럼을 써달라는 것이죠.

신문에 내 이름이 붙은 칼럼란이 생긴다는 것은 정말 멋진 일이죠. 아버지가 살아 계셨다면 얼마나 뿌듯해하셨을까요? 〈한국일보〉에 스무 번만 쓰기로 하고 시작했습니다. 그다음에는 〈뉴스토마토〉라는 경제지에서도 요청이 오더군요. 처음에는 하고 싶은 말이 많았습니다. 하지만 뭘 어떻게 써야 할지 고민이 많았죠. 이제는 버릇처럼 씁니다. 큰 고민을 하지 않고 신문 독자가 내일 아침에는 무슨 이야기를 듣는 게 좋을까, 라는 생각을 하고 편하게 씁니다. 이렇게 쓴 칼럼들이 모여서 『저도 과학은 어렵습니다만』이라는 책으로 묶였지요.

책이 나온 다음에도 아직 신문사에서는 칼럼 연재를 멈춘다는 통고가 없습니다. 그래서 계속 쓰게 되었습니다. 이 칼럼들이 모여서 『저도 과학은 어렵습니다만 2』가 되었습니다. 책을 굳이 사지 않으셔도 됩니다. 인터넷에 다 공개되어 있으니까요. 하지만 책으로 집중해서 읽으면 당연히 더 좋을 것입니다. 과학에 대해서 조금 더 생각할 기회가 생길 테니까, 그리고 세상을 조금 더 과학적으로 바라볼 수 있을 테니까 말입니다.

우리가 왜 과학을 알고 과학적으로 생각해야 할까요?

우주라든지 생명의 기원 같은 거창한 이야기를 하려는 게 아닙니다. 덜 불안해하면서 조금 더 안전하게 살고 그리고 우리가 낸 세금을 아끼기 위해서죠.

책을 가볍게 넘겨주세요. 긴장 푸시고요. 저도 과학은 어렵습니다.

2019년 2월 25일

이정모

차례

1 부

과
학
의 쓸
모

누가 그런 쓸데없는 소리를 했는가

독일 유학 시절에는 주로 구두시험을 봤다. 교수와 학생이 일대일로 약속을 잡고 앉아서 한 사람은 묻고 한 사람은 답한다. 당연히 묻는 사람은 교수이고 답하는 사람은 학생이다. 물론 반대의 경우도 얼마든지 가능하지만 좋은 성적을 받을 수는 없다. 정해진 시간 안에 몇 개의 질문에 답했는지에 따라 성적이 결정되기 때문이다. 교수가 범위 안에 있는 것을 물어보면 거기에 대해 술술 답을 말해야 한다. 기껏해야 30분 정도 진행되는 시험 시간 동안에 내가 얼마나 이해하고 있는지 알아채기는 어렵다. 내가 얼마나 암기하고 있는지 보여주어야 한다. 독일어도 잘 안 되는 외국인에게는 절대적으로 불리하다. 나는 말도 잘 못하는 데다가 암기도 잘하지 못해서 좋은 성적을 받기 어려웠다. 짜증이 났다. 어느 날 교수님에게 푸념했다.

"교수님, 제가 굳이 이곳 독일까지 유학을 온 이유가 있습니다. 독일은 무턱대고 외우게 하는 암기 중심의 교육이 아니라 이해 중심의 선진 교육을 한다는 소리를 들었기 때문입니다. 그런데 실제로는 한국보다 암기를 훨씬 더 많이 요구하고 있습니다."

교수님은 깜짝 놀라는 표정을 지으며 빠른 속도로 대답했다.

"아니, 누가 그런 쓸데없는 소리를 했는가! 학습은 암기일세. 자네 머릿속에 있어야지 책 속에 있는 게 무슨 소용이란 말인가? 번쩍이는 아이디어는 책이 아니라 자네 머리에서 나와야 하네. 그러니 열심히 암기하게나."

그리고 덧붙였다.

"이해는 완전한 암기를 위한 준비과정이지."

교수님 말씀이 옳다. 생각해보자. 중요한 것은 다 외운 것이다. "하나님이 세상을 이처럼 사랑하사, 독생자를 주셨으니, 이는 저를 믿는 자마다 멸망치 않고 영생을 얻게 하려 하심이니라"는 요한복음 3장 16절이다. 삼삼은? 9! 팔구? 72! 자동으로 튀어나오는 까닭은 구구단을 암기했기 때문이다. 우리는 I와 a boy 사이에는 am을 넣어 말하고 You와 a girl 사이에는 are를 넣어 말하는 데 아무런 고민이 없다. 암기했기에 가능한 일이다.

이해를 하면 암기가 쉬워지는 것처럼 반대로 암기를 통해 이해가 쉬워지는 경우도 있다. 역사를 공부할 때도 중요한 사건이 일어난 해는 암기해야 한다. 예를 들어 코페르니쿠스(1473~1543)의 『천구의 회전에 대하여』는 1543년에 출판되었지만 1616년에야 금서로 지정되었다. 적어도 73년간은 금서가 아니었다는 이야기다. 천문학의 황금기다. 임오군란은 1882년, 갑오개혁은 1894년, 을미의병은 1895년이라는 숫자만 외우고 있어도 한국 근대사의 흐름이 쉽게 이해된다.

여름철 논에서는 목이 기다랗고, 커다란 하얀 새가 눈에 많이 띈다. 백로, 왜가리, 황새, 두루미 가운데 뭘까? 약간의 암기만으로도 우리는 쉽게 답할 수 있다. 일단 여름철에 눈에 띈다면 두루미와 황새는 아니다. 이들은 겨울철새다. 나무에 앉는다면 두루미가 아니라 황새다. 두루미는 나무에 앉지 못하기 때문이다. 여름철에 보인다면 백로 아니면 왜가리다. 그런데 백로는 흰색이고 왜가리는 회색빛이 돈다. 쉽게 구분할 수 있다. 여기서 이해할 것은 하나도 없다. 그냥 암기하면 된다.

하지만 암기를 즐겨하는 사람은 별로 없다. 쉬운 일이 아니기 때문이다. 귀찮고 피곤하며 짜증나는 일이다. 그런데 이런 암기를 즐기는 사람들이 있다. 주로 창의력이 뛰어난 사람들이다. 창의력이 뛰어난 사람들은 암기도 잘한다. 왜냐하면 암기에도 창의성이 필요하기 때문이다. 이들이라고 한 번 보고 암기할 수 있는 재주가 있는 것은 아니다. 자기만의 스토리텔링이 필요하다. 여기서 말하는 스토리란 그야말로 이야기일 수도 있고 머릿속에 그리는 한 편의 그림일 수도 있다.

창의성보다 더 중요한 것은 반복이다. 생화학을 공부하기 위해서는 적어도 5개의 핵산 염기와 20가지의 아미노산, 그리고 수십 개의 탄수화물 구조를 암기해야 한다. 이해할 게 하나도 없다. 무조건 외워야 한다. 이걸 암기하지 못하면 생화학 공부는 한 발짝도 앞으로 나갈 수 없다. 교수님은 스무 번 외우고 스무 번 잊어버리라고 하셨다. 그러면 저절로 외워진다고 말이다. 스무 번까지는 아니어도 적어도 일곱 번은 외우고 잊어버렸던 것 같다.

아는 만큼 생각한다. 머리에 들어 있는 게 있어야 생각도 할 수 있다. 창의라는 로켓은 암기라는 스프링의 힘으로 발사된다. 암기를 잘하면서도 창의성이 없는 사람은 있어도 암기를 못하면서 창의력을 발휘하는 사람은 없다. 단어를 모르면서 유창한 영어를 구사할 수 없는 법이고, 구구단을 모른 채로 미분과 적분을 할 수는 없다는 말이다.

정확히 하자. 주입식 암기교육이 나쁜 것이지 암기가 나쁜 것은 아니다. 마찬가지로 이해력을 측정하기 위한 문제가 좋은 문제인 것은 맞지만 단순 암기를 측정하는 문제가 나쁘거나 불필요한 것은 아니다. 단순 암기를 못 하면 이해력을 요구하는 창의적인 문제도 못 푼다. "우리 아이는 이해력은 좋은데…. 암기를 요구하는 교육제도가 문제야"란 말을 많이 한다. 그런 생각이 바로 문제다.

겸손과 직관

'수헬리베붕탄질산불네나마알규인황염아칼칼.'

호그와트 마법학교에서 가르치는 주문이 아니다. 학교마다, 선생님마다 각기 다른 버전이 있기는 하지만 대략 이런 방식으로 주기율표의 처음 스무 개 원소를 외운 기억이 있을 것이다. 이걸 잘 외운 학생은 화학이 재미있었고 이게 잘 안 되면 화학이 재미없었다. 구구단을 잘 외워야 산수가 재밌고, 영어 단어를 많이 외우고 있어야 독해 시간이 재밌는 것과 같은 이치다.

주기율표는 화학의 시작이자 끝이다. 화학이란 만물의 근원이 되는 원소 사이에 일어나는 온갖 결합과 반응으로 이루어진 학문인데, 원소들은 아무하고나 반응하고 결합하지 않는다. 그들이 결합하고 반응하는 데는 일정한 논리가 있고, 그 논리를 마치 그림처럼 그려놓은 것이 바로 주기율표다. 주기율표는 인포그래픽의 결정체라고 할 수 있다. 주기율표만 확실히 이해하고 있으면 모든 화학 분야의 기초는 갖춘 셈이다.

2019년은 유엔이 정한 '국제 주기율표의 해'다. 유엔이 굳이 2019년을 주기율표의 해로 정한 까닭은 러시아 화학자 드미트리 멘델레예프(1834~1907)가 주기율표를 만든 지 꼭 150년 되는 해이기 때문이다.

멘델레예프의 인생사는 정말 눈물겹다. 멘델레예프는 시베리아 서쪽 작은 도시에서 11남매, 또는 14남매, 또는 17남매 중 막내로 태어났다(뭐가 맞는지 아무도 모른다). 멘델레예프가 태어나던 해 아버지가 시력을 잃고 교직에서 물러나자 어머니가 유리공장을 세워 생계를 꾸렸지만, 열세 살이 되던 해에 유리공장에 불이 나고 말았다. 어머니는 멘델레예프만은 고등교육을 시키겠다는 일념으로 모스크바로 무작정 상경하였지만 모스크바 출신이 아니라는 이유로 입학을 거절당했다. 결국 멘델레예프는 상트페테르부르크의 한 교육대학에 입학하게 되었지만, 입학한 지 10주 만에 어머니는 세상을 떠났다. 2년 후 멘델레예프는 결핵에 걸려 수개월의 시한부 인생 선고를 받았다. 슬픈 가정사다. 하지만 멘델레예프는 일흔세 살까지 살았다.

1869년 당시 서른다섯 살이던 멘델레예프는 주기율표에 관한 첫 번째 논문을 발표했다. 그런데 주기율표를 만든 사람은 멘델레예프뿐만이 아니었다. 당시 많은 이들이 원소에서 규칙성을 발견하고 원소들을 효과적으로 배치할 수 있는 방법을 찾는 꿈을 꾸고 있었다. 독일의 화학자 로타어 마이어(1830~1895)도 멘델레예프와 거의 같은 시기에 주기율표를 발표했다. 멘델레예프와 마이어는 '원자량의 주기적인 상관성'을 발견한 공로로 당시 가장 권위 있는 상인 데이비 상을 공동 수상하기도 했다(노벨상이 생기기 전이었다).

멘델레예프와 마이어 외에도 주기율표를 발표한 사람들은 몇 더 있지만 그들은 아무도 기억하지 않는다. 이유가 있다. 다른 사람들은 자신들이 알고 있는 원소가 전부일 것이라고 생각했다. 알고 있는 원소로 완벽한(?) 주기율표를 만들었다. 하지만 두 사람은 달랐다. 당시 알려져 있던 62종의 원소를 배열하면서 빈칸을 만들었다. 자신의 주기율표가 완벽하지 않다는 것을 인정한 것이다. 그런데 마이어는 빈칸은 빈칸으로 남을 것이라고 생각했고, 멘델레예프는 자신은 아직 모르지만 빈칸을 채울 원소가 반드시 있으며 언젠가는 발견될 것이라고 주장했다. 갈륨, 게르마늄, 스칸듐, 레늄, 테크네튬 등 많은 원소들이 여기에 해당한다.

현재 우리가 사용하고 있는 주기율표는 멘델레예프 주기율표가 아니라 모즐리 주기율표다. 멘델레예프가 정한 원자번호는 지금 우리가 아는 원자번호와 다르다. 멘델레예프는 원소들을 원자량을 기준으로 배열했지만 모즐리(1887~1915)는 원자의 양성자 수를 기준으로 배열했다. 그럼에도 불구하고 우리는 주기율표 하면 멘델레예프를 떠올린다. 그의 아이디어가 아직도 통용되고 있고, 그는 자신이 알고 있는 게 전부가 아니라는 겸손과 함께 언젠가는 그 자리가 채워질 것이라는 직관을 보여주었기 때문이다. 후배 과학자들은 101번 원소에 멘델레븀이라는 이름을 부여하여 멘델레예프를 기리고 있다.

디에고도 모른다

상갓집, 시장, 맥줏집과 시위 현장. 여기에는 사람이 많아야 한다. 그렇지 않으면 외롭고 힘들고 지루하고 슬프다. 하지만 다른 곳에는 그저 사람이 적당히만 있으면 된다. 인기가 좋다고 너무 많은 사람이 오면 원래 목적을 달성하기 어렵기 때문이다. 내가 일하고 있는 서울시립과학관도 마찬가지다. 너무 많은 사람이 오지는 않기를 바란다. 어디에나 적정 인원이라는 게 있기 마련이다. 그래서 나는 인기 좋고 사람이 많은 곳은 될 수 있으면 피하려고 한다. 하지만 때로는 억지로 끌려갈 때도 있다.

마추픽추도 그런 곳 가운데 하나다. 유네스코 세계문화유산이자 세계 7대 불가사의 가운데 하나로 꼽히는 곳이다. 10년 전에는 하루에 700명이 방문했는데 교통이 발달하면서 이제는 하루에 1만 명도 오르는 곳이 되었다. 당연히 내가 피하고 싶은 곳이다. 게다가 하루 종일 비가 온다는 일기예보가 있었다. 심드렁하게 산에 올랐다. '에이 뭐, 유명한 곳이 다 그렇겠지. 뭐가 있겠어.'

마추픽추에 올랐다. 그리고 흐린 날씨가 개었다. 눈앞에 천길 높은 절벽과 함께 고대 도시가 드러났다. '아, 이래서 사람들이 여기에 오는구나.' 사람이 많이 오는 데는 이유가 있었다. 오만한 마음이 사라졌다. 부끄러웠다. 그리고 잉카 문명에 대한 경외감이 다시 솟았다.

궁금했다. '이런 절벽 위에 어떻게 거대한 도시를 지을 수 있었을까?' 마추픽추가 세워질 수 있었던 것은 세 요소를 모두 갖추었기 때문이다. 안전, 물 그리고 돌이다. 밀림 속 가파른 절벽은 안전을 보장했다. 게다가 그 산에는 먹고 살 물, 건물과 계단식 밭을 건설하기에 충분한 돌이 있었다.

사실 아름다운 풍경을 제외하면 마추픽추는 다른 잉카 문명 유적지에 비하면 별것 아니다. 높이부터 그렇다. 내가 마추픽추에 간다고 하니까 고산병을 조심하라는 조언을 많이 받았다. 하지만 내가 가본 잉카 문명 유적지 가운데 마추픽추보다 낮은 곳은 하나도 없었다. 마추픽추는 잉카 제국의 수도인 쿠스코보다 무려 1,000미터나 낮은 데 있다. 해발 약 2,400미터에 불과하다. 쿠스코에 있다가 마추픽추에 가니까 오히려 숨 쉬기가 편했다.

그리고 마추픽추는 거대한 도시가 아니다. 200호의 돌집이 있는 작은 마을이다. 이에 비해 쿠스코, 그리고 마추픽추행 기차를 타는 올란타이탐보의 규모는 실로 어마어마하다. 이곳을 건설하는 데 쓰인 거대한 암석들은 모두 6~7킬로미터나 떨어진 곳에서 가져왔다. 더 놀라운 것은 돌을 3~12

각형뿐만 아니라 곡선으로 다듬어 접착제도 없이 돌과 돌이 꼭 들어맞게 쌓았다는 것이다. 돌을 얼마나 정교하게 쌓았는지 종이 한 장, 바늘 하나 들어갈 틈이 없다는 방송 프로그램의 묘사가 허풍이나 과장이 아니다. 정말 그렇다. 틈이 없다.

당연히 질문이 떠오른다. 그 커다란 돌을 어떻게 수 킬로미터나 떨어진 먼 곳으로 옮겼을까? 그리고 어떻게 그렇게 정교하게 다듬었을까? 잉카인들은 철기와 수레를 사용하지 않았는데 말이다. (그렇다고 그들이 바퀴를 발명하지 못했다는 뜻은 아니다.)

질문은 대답을 요구한다. 여기에는 무수한 이론이 있다. 이론이 많다는 것은 쓸 만한 게 별로 없다는 것과 같다. 내가 앓고 있는 각막미란의 치료법도 무수히 많다. 그 가운데 믿고 사용할 한 가지가 없다는 게 문제다.

가장 널리 퍼진 이론은 이집트 사람들이 피라미드를 건설할 때처럼 통나무를 연이어 바닥에 깔고서 돌을 옮겼다는 것이다. 또 모래와 물로 돌을 정교하게 다듬어서 큰 돌의 경우 보통 8개 이상의 돌과 맞물려 다양한 각을 이루게 했다고 한다. 내가 읽은 블로그뿐만 아니라 현지 가이드들도 모두 같은 이야기를 했다.

이럴 때 다른 이야기를 하는 사람을 만나면 즐겁다. 쿠스코 체류 7일째에 만난 디에고 같은 친구 말이다. 디에고는 인터넷에서 유명한 현지 가이드다. 그를 찾아가 반나절을 같이 걸으면서 설명을 들었다. 그는 전혀 다른 이야기를 했다.

이집트는 평지여서 통나무 위에 거대한 돌을 올려놓고 옮길 수 있겠지만 1,000미터에 달하는 계곡으로 둘러싸인 쿠스코에서는 애당초 가능한 일이 아니라는 것이다. 또 어느 세월에 모래와 물로 돌을 그렇게 정교하게 다듬었겠냐고 반문했다. 그렇다면 네 생각은 무엇이냐는 질문에 그가 거침없이 대답했다.

"모른다!"

통나무 이론을 믿느니 차라리 외계인 건설 이론을 믿겠다고 했다. 팁으로 살아가는 가이드가 모른다라고 대답하는 일은 쉽지 않다. 아니나 다를까! 그의 본업은 밀림에서 동물을 연구하는 생물학자였다.

고생물학자 토머스 홀츠의 말마따나 때로 과학에서는 '모른다'가 제일 좋은 답이다. 과학에서만 그런 게 아닐 것이다. '모른다'라는 말을 거침없이 하는 사람을 믿는 게 가장 안전하다. 짐작은 얼마든지 하되 대답은 모른다고 하자.

모든 것을 잃었다고 생각했을 때

나는 미국을 사랑한다. 어렸을 때부터 그래야 한다고 선생님과 아버지께 배웠다. 나는 진정 미국을 사랑하지만 미국에 가보지는 못했다. 아마도 너무 멀기 때문일 것이다. 그래서 미국에 대해 잘 모른다. (이게 사랑인가?) 뉴욕 하면 미국자연사박물관, 샌프란시스코 하면 익스플로라토리움 과학관, LA 하면 갈비 정도가 떠오르는 게 전부다. 그렇다면 보스턴은? 물론 마라톤이다.

보스턴 마라톤은 세계에서 가장 오래된 마라톤 대회다. 어린 시절 스스로 반공소년을 자처했으며 심지어 요즘도 태극기를 든 노인들을 보면 막 달려가서 껴안고 싶은 애국심으로 똘똘 뭉친 나에게 보스턴 마라톤은 단순한 대회가 아니다. 보스턴 마라톤은 내 애국심의 원천이기도 했다. 1947년 당시 24세였던 서윤복이 2시간 25분 39초라는 세계 신기록을 세우면서 우승했고, 1950년에는 지금은 비록 이름도 기억나지 않지만 한국인 선수 세 명이 1~3등을 휩쓸었다. 이 네 사람으로 인해 대한민국인의 기상이 세계만방에 이르렀다고 배웠다. 2001년에는 이봉주가 다시 우승했으니, 보스턴이라고 하면 마라톤이 떠오르는 것은 당연하다. 해마다 4월이 되면 보스턴 마라톤 대회 소식을 기다리게 된다. 그런데 야속하게도 내 애국심을 보충해줄 소식이 들려오지 않은 지 꽤 됐다.

그러던 중 117회 대회 때 비극이 발생했다. 2013년 4월 15일, 이미 우승자가 결승선을 통과한 지 두 시간쯤 지난 다음이었다. 프로 선수들은 경기를 마쳤고 일반 시민 선수들이 결승선으로 들어오고 있는 중이었다. 결승선 바로 근처에서 12초 간격으로 두 차례의 폭발이 일어났다. 총탄용 화약을 채우고 못, 금속 파편 등을 집어넣은 압력솥 폭탄이 터진 것이다. 가족과 친구들의 완주를 응원하러 나온 시민 3명이 사망하고 264명이 다쳤다. 그 가운데 17명은 다리를 잃었다.

사고가 난 지 11개월 후인 2014년 3월 밴쿠버의 TED 강연장. MIT 미디어랩 생체공학연구소의 휴 허 교수는 '달리고 등산하고 춤추게 하는 새로운 인체 공학' 강연을 마치면서 한 쌍의 댄서를 무대에 올렸다. 두 사람은 엔리케 이글레시아스의 노래 〈링 마이 벨〉에 맞춰 춤을 춘 후 객석을 향해 섰다. 여자 댄서는 눈물을 흘렸다. 그녀는 보스턴 마라톤 폭탄 테러로 다리를 잃은 에이드리언 헤슬릿-데이비스였다. 그녀는 마라톤 대회에 참가한 남편의 결승선 통과를 기다리다가 폭탄 테러로 왼쪽 다리 무릎 아래를 잃었다. 그녀는 댄서였다. 더 이상 춤을 출 수 없게 되었다. 그녀는 모든 것을 잃었다고 생각했지만 기술이 그녀를 구원했다.

청중들은 기립박수를 치며 눈물을 흘렸다. 나는 유튜브 동영상으로 강연을 보면서 울었다. 기술이 인간을 얼마나 행복하게 만들 수 있는지 눈으로 확인한 순간이었다. 에이드리언을 소개하면서 휴 허 교수는 "우리는 결코 굴복당하지 않을 것입니다"라고 말했다. 그것은 바로 자신의 이야기였다. 휴 허는 등반가였다. 여덟 살 때 로키 산맥의 템플 산(3,544미터)을 올랐고, 열일곱 살 때 등반협회로부터 미 동부에서 가장 뛰어난 암벽등반가 중 한 명으로 인정받았다. 그리고 열일곱 살 때 빙벽 등반을 하다가 조난을 당해 양쪽 다리를 무릎 아래까지 절단해야 했다.

휴 허는 다시 산을 오르고 싶었다. 그는 대학에서 물리학을 전공하고, MIT에서 기계공학 석사학위를, 하버드대에서 생체물리학 박사학위를 받았으며 MIT에서 웨어러블 로봇, 즉 착용할 수 있는 로봇을 연구하고 있다. 그리고 자신이 개발한 로봇을 착용하고 수천 미터의 산을 오르고 암벽 등반을 하고 있다. 이제 장애인을 위한 인공 팔과 다리, 생각만으로 로봇 팔을 조종하는 뇌-기계 인터페이스는 상상이 아니라 현실이 되고 있는 셈이다.

로봇 팔과 다리는 더 이상 뉴스거리가 안 된다. 흔한 일이 되었다. 심지어 2016년 10월 스위스 취리히에서는 장애인들이 로봇 슈트를 착용한 채 미션을 수행하는 사이배슬론('사이보그'와 '애슬론'의 합성어) 대회가 열렸다. 우리나라에서도 웨어러블 로봇이 개발되어 거의 완성 단계에 이르고 있다. 이 같은 발전 속도라면 지금과 같은 장애인 올림픽은 내가 살아 있는 동안 사라질지도 모른다.

이럴 때마다 상투적인 고뇌들이 등장하기 마련이다. 기계가 인간 안으로 들어온다면 인간의 정체성은 어떻게 될 것인가? 도대체 인간다움이란 무엇인가? 안경을 껴도 사람이고 보청기를 껴도 사람이다. 인공심장이 뛰어도 사람이다. 로봇 팔과 로봇 다리를 착용한다고 해서 우리가 정체성을 고민할 이유가 없다.

우리가 고민하고 준비할 문제는 따로 있다. 웨어러블 로봇을 의료보험 적용대상에 포함하는 문제다. 일본은 2016년에 이미 이 문제를 논의하기 시작했고 일부 로봇 슈트를 의료보험 적용대상에 포함시키기로 했다. 인간 수명 100세 시대다. 곧 120세 시대가 도래할지도 모른다. 수십 년을 아픈 다리로 살 수는 없다. 로봇 팔다리는 보통 사람의 필수품이 될 것이다. 새 시대를 준비하자. 참 MIT 공대도 보스턴 가까이에 있다고 한다. 보스턴은 이제 내겐 마라톤과 로봇의 도시다.

사과보다는 산수

물리학이 흥미로운 까닭은 산수로 표현되는 각종 법칙으로 우주를 설명하기 때문이다. 우주를 설명하는 물리 법칙들은 대체로 겸손한 이름을 갖고 있다. 자신이 발견한 법칙이 우주의 작은 구석 하나를 해명할 뿐이라는 과학자들의 생각 때문이다. 우주 구석에 살고 있는 우리의 인생도 물리 법칙의 적용을 받는다.

거창한 이름의 물리 법칙도 있다. 만유인력(萬有引力)의 법칙이 바로 그것이다. '모든 물체 사이에 존재하는 잡아당기는 힘을 해명하는 법칙'이라는 뜻이다. 이 법칙을 발견한 사람은 아이작 뉴턴(1643~1727)이다. 뉴턴은 40대 중반에 출간한 『자연철학의 수학적 원리』(프린키피아)에서 이 법칙을 수학적으로 증명해냈다. '두 물체 사이에 작용하는 당기는 힘의 크기는 두 물체의 질량의 곱에 비례하고 거리의 제곱에 반비례한다'는 만유인력의 법칙은 복잡해 보이지만 실제로는 단순하다. 도대체 뉴턴은 이런 법칙을 어떻게 생각해냈을까?

뉴턴이 정말로 떨어지는 사과를 보고서 만유인력의 법칙을 착안했을까? 그럴 리가 없다. 어떤 물체가 땅으로 떨어지는 데는 이유가 필요 없던 시절이다. 그냥 직관적으로 옳은 것이었다. 심지어 아리스토텔레스 선생님도 일찌감치 돌이 떨어지는 이유를 불-공기-물-흙이라는 4가지 원소들이 자기 위치를 찾아가는 과정이라고 설파했을 정도다.

만유인력이라고 하면 뉴턴과 함께 사과를 상상하지만 뉴턴은 분명히 말했다.

"내가 더 멀리 볼 수 있었던 것은 거인들의 어깨 위에 있었기 때문이다."

그렇다면 뉴턴은 누구의 어깨 위에 있었기에 만유인력의 법칙을 발견할 수 있었을까? 독일의 천문학자 요하네스 케플러(1571~1630)가 바로 그 어깨의 주인이다.

케플러는 (대부분의 현대 한국 과학자처럼) 안타깝게도 비정규직으로 사회생활을 시작했다. 그를 고용한 사람은 덴마크 천문학자 튀코 브라헤(1546~1601). 브라헤는 역사상 가장 뛰어난 관측가로 평가된다. 정밀한 관측 장비를 개발했고 당시 최고의 천문대를 건설했으며 정말 부지런했다. 오줌 눌 시간마저 아끼면서 관측을 하느라 방광염으로 세상을 떠났을 정도다. 브라헤는 자신의 관측 기록을 바탕으로 천체 운행을 계산할 사람이 필요했다. 그래서 케플러를 고용하면서도 전체 기록을 보여주지는 않았다. 케플러는 비정규직이었기 때문이다. 케플러는 지난한 투쟁 끝에 정규직이 되었고 브라헤는 케플러에게 관측과 계산을 온전히 맡겼다. 케플러의 계산은 브라헤가 세상을 떠난 다음에야 끝났다.

계산에 따르면 지구는 초속 30킬로미터의 속도로 공전한다. 국제선 항공기보다 100배나 빠른 속도다. 태양에 가장 가까운 행성인 수성은 초속 47킬로미터로 공전하고 공전 주기는 0.24년(지구 기준)이다. 이에 비해 태양에서 가장 먼 행성인 해왕성은 불과 초속 5.4킬로미터로 공전하고 공전 주기는 165년(지구 기준)이다. 이것은 관측 결과가 아니라 순전히 계산의 결과다. 60년밖에 살지 못한 케플러가 수백 년을 관찰할 수는 없다. 요즘은 쉽게 계산할 수 있다. 중력(만유인력)을 알기 때문이다. 하지만 당시는 아직 뉴턴이 태어나기도 전이다. 행성들이 태양을 중심으로 공전하는 이유도 모를 때였다.

케플러는 브라헤가 평생 동안 축적한 자료를 분석하여 행성의 운동법칙 세 가지를 발표했는데 가장 중요한 것은 제 2법칙이다. 케플러의 제2법칙은 '면적 속도 일정의 법칙'이라고도 한다. 같은 시간 동안 행성이 쓸고 간 면적은 속도와 상관없이 같다는 것이다. 간단히 설명하면 행성은 태양에서 멀 때는 천천히 지나가고 태양과 가까울 때는 빨리 운동한다는 뜻이다. 실제로 앞에서 본 것처럼 태양과 가까운 행성은 공전 속도가 빠르고 멀리 있는 행성은 공전 속도가 느리다.

케플러의 법칙 때문에 만유인력의 법칙이 나올 수 있었다. 뉴턴은 자신이 발견한 '힘=질량×가속도'라는 운동의 법칙과 케플러의 법칙을 기반으로 만유인력의 법칙을 유도했다. 사과가 아니라 산수였다.

만유인력의 법칙이라는 거창한 이름의 법칙은 중심에 가까운 것들은 빨리 움직이고 멀리 있으면 천천히 움직이지만 각 행성이 운동하면서 쓸고 지나간 면적은 같다는 케플러의 제2법칙이 있었기 때문에 가능했다. 우리 삶에서도 마찬가지다. 가까이 있으면 바삐 움직이지만 거리를 두면 천천히 움직인다. 멀리 있는 것들은 실제로 천천히 움직인다. 내 앞에 있는 것들은 바삐 움직인다. 하지만 실제로 한 일은 같다. 말이 아니라 산수로 확인해야 한다. 중요한 것은 숫자다.

일반과 특수

동네에 와인과 커피에 정통한 친구가 있다. 그 친구의 얘기를 듣고 있노라면 와인과 커피의 세계는 변화무쌍하고 다양해 보인다. 그런데 나는 맛을 잘 구분하지 못한다. 나는 그 친구가 부럽고 그 친구는 내가 안타까운 것 같다. 김치찌개와 동태찌개에 정통한 또 다른 친구는 내게 이렇게 짜증을 낸 적이 있다.

"정모, 너에겐 맛있는 음식을 먹여봐야 의미가 없어."

악담이 아니라 안타까워서 하는 이야기다. 그렇다. 나는 맛을 잘 구분하지 못한다. 하지만 나도 나름대로 음식점을 평가하는 기준이 있다. 갈비탕을 주문할 때 종업원이 "보통으로 드릴까요, 특으로 드릴까요?"라고 물어보는 집보다는 군말 없이 갈비탕을 주는 집이 잘하는 집이라는 것이다. 보통 2,000원 정도 더 비싼 특이 더 좋은 게 당연하겠지만 "우리 집은 '보통'도 자신 있어요"라는 자세가 보이기 때문이다.

사람들에게 과학자를 한 명 꼽아보라고 하면 대개 가장

먼저 아인슈타인(1879~1955)을 꼽는다. 왜 그 사람이 가장 훌륭한 과학자냐고 물어보면 상대성이론 때문이라고 대답한다. 이때 상대성이론을 얼마나 이해하냐는 짓궂은 질문을 간혹 한다. 이 질문이 짓궂은 까닭은 "일반상대성이론까지는 이해가 되는데요, 특수상대성이론은 정말 어렵더라고요"라는 얼토당토않은 대답을 유도하기 때문이다.

이름만 보면 특수상대성이론은 일반상대성이론을 토대로 더 깊이 들어간 것처럼 보인다. 그런데 희한하게도 특수상대성이론은 1905년에 발표되었고 일반상대성이론은 10년 뒤인 1915년에야 발표되었다. 기초적 일반 이론보다 10년 앞서서 더 어려운 특수 이론이 발표된 셈이다. 이게 말이 되는가? 당연히 안 된다. 따라서 특수상대성이론이 일반상대성이론보다 더 특수하게 어려운 이론일 수는 없다.

특수상대성이론은 '속도가 일정한 계'라는 특수한 조건에서만 적용되는 이론이다. 이에 반해서 일반상대성이론은 '속도가 일정하지 않은 계'까지 다 적용되는 이론이다. 특수한 조건이 아니라 일반적 조건에서도 적용된다고 해서 '일반'인 것이다.

상대성이론은 어차피 어렵다. 여기서 다 설명할 수 없다. 내가 아니라 물리학자들도 못 한다. 아마 아인슈타인도 여기서 설명할 수 없을 것이다. 하지만 짓궂은 질문에 얼토당토않은 답을 하지 않을 만큼은 알아야 한다. 이렇게 말하면 "아니, 상대성이론을 어디에 쓴다고 내가 다 알아야 해?"

라고 따지시는 분들 꼭 계신다. 독자분들 가운데 상대성이론
에 따라 만들어진 장치를 사용하지 않는 분은 없다. GPS가
바로 그것이다.

　　자동차 내비게이션과 휴대전화 위치추적 기능은 GPS
를 활용한 것이다. 내비게이션과 휴대폰은 내 위치를 정확히
알고 있다. 약 2만 킬로미터 상공에 있는 인공위성들이 서로
협력하여 내 위치를 계산하기 때문이다. 그런데 인공위성과
지구 표면 사이에는 다른 시간이 흐른다. 특수상대성이론에
따르면 빨리 움직일수록 시간이 느리게 흐른다. 인공위성은
초속 8킬로미터로 움직이고 있다. 인공위성의 시간은 지구
표면에 있는 자동차의 시간보다 느리게 흐른다. 하루에 7마
이크로초(1마이크로초=1백만 분의 1초) 더 느리게 흐른다. 내
비게이션을 제대로 사용하려면 이 차이를 보정하여야 한다.

　　그런데 일이 간단하지 않다. 일반상대성이론에 따르면
중력이 큰 지역에서는 시간이 느리게 흐른다. 지표면은 인공
위성이 있는 상공보다 중력이 크다. 이번에는 반대로 지표면
의 시간이 인공위성의 시간보다 하루에 45마이크로초씩 더
느리게 흐른다.

　　특수상대성이론에 따르면 인공위성의 시간이 느리게
흐르고, 일반상대성이론에 따르면 지표면의 시간이 느리게
흐른다. 두 가지 효과를 합하면 인공위성의 시간이 지표면의
시간보다 하루에 38마이크로초, 그러니까 0.000038초 빨리
흐른다. 겨우 0.000038초 가지고 뭘 그러냐고 무시하면 안 된

다. 빛은 그 사이에 11.4킬로미터를 간다. 이 오차를 보정하지 못하면 GPS 시스템은 무용지물이다. 아니, 매우 위험하다. 자동차 내비게이션을 만들겠다고 GPS 시스템을 개발한 게 아니다. 군사적 목적으로 개발된 기술이다. 엉뚱한 곳에 폭격을 해서 죄 없는 민간인이나 아군에게 피해를 줄 수 있다.

1905년에 특수상대성이론을 발표한 아인슈타인보다는 1915년 일반상대성이론을 발표한 아인슈타인이 더 뛰어난 과학자다. 마찬가지로 꼭 '특'을 먹어야 하는 갈비탕 집보다는 '보통'을 먹어도 만족할 수 있는 갈비탕 집이 더 좋은 집이다. 법은 어떨까? 굳이 특별법을 만들어야 하는 상황보다는 일반법으로 해결되는 상황이 더 안정적인 상황일 것이다. 검찰도 마찬가지다. 특검이 구성되어야 하는 상황은 불행한 상황이다. 일반 검사들을 믿지 못해서 특별한 검찰 조직을 만들어야 하니까 말이다. 2018년 2월 5일 이재용 삼성전자 부회장이 풀려났다. 무죄 선고를 받은 부분을 일반 국민들은 이해하지 못한다. 대한민국 법원은 일반 국민은 이해하지 못하는 판결을 내리는 특수한 법원인가?

나는 병사하고 싶다

대한민국 박물관의 꽃이라 일컬어지는 서대문자연사박물관에서 일할 때의 일이다. 자연사(自然史, natural history)가 익숙한 말이 아닌지라 많은 사람들이 "자연사박물관은 뭘 전시하는 곳이에요?"라고 묻곤 했다. 장난기가 발동한 나는 "자연사박물관은 사고사 또는 돌연사가 아닌 자연사(自然死)한 생명체를 전시하는 곳입니다"라고 농담처럼 대답하곤 했다. 그런데 의외로 많은 사람들이 농담을 진지하게 받아들이고는 "저도 자연사하고 싶어요"라고 맞장구를 쳤다.

우리는 자연적인 것이라면 무조건 좋은 것이라고 생각하는 경향이 있다. 인공감미료를 극단적으로 기피하고 천연의 소재로 만든 것을 선호한다. 화학적으로 합성한 약보다는 얼마나 투여되는지 확인할 수 없는 천연 약재를 비싼 값에 구입한다. 심지어 의료보험도 적용 안 되는데 말이다. 그러다 보니 죽음마저 자연스러운 죽음, 자연사를 더 선호하게 되는 것 같다.

그런데 자연사란 무엇일까? 간단하다. 굶어 죽든지 아

니면 잡아먹혀서 죽는 거다. 백수의 왕, 밀림의 왕자 사자도 별수 없다. 이빨 빠진 늙은 사자도 사냥을 하지 못하고 힘이 빠지면 평소에는 자기에게 꼼짝도 못하던 하이에나 같은 맹수에게 잡아먹히고 독수리에게 눈알을 뽑힌다. 설마 이 이야기를 듣고서도 자연사하고 싶은 분은 그리 많지 않을 거라 생각한다.

누구나 재미있게 살다가 죽고 싶어 한다. 어떻게 죽느냐가 문제다. 우리 아버지는 아파트 단지에서 어이없는 교통사고로 돌아가셨다. 그날도 동창들과 즐거운 술자리를 하고 집으로 돌아오시던 길이었다. 무슨 일이든 긍정적으로 생각하는 막내 여동생은 아버지가 고통 없이 현장에서 즉사하신 것에 대해 감사했다. 아버지가 순간적으로 고통 없이 돌아가셨다는 점은 고마운 일이기는 하다. 그런데 나는 그때 비로소 '황망(慌忙)'이라는 단어의 뜻을 깨달았다. 그리고 다짐했다. '나는 꼭 병사(病死)해야지' 하고 말이다. 너무 오래 아프지 않고 조금만 아프다가 죽어야겠다. 그래야 가족들이 마음의 준비도 할 테고 죽기 전에 나눠야 할 이야기도 나눌 테니 말이다.

한국 사람 여덟 명 가운데 한 명은 돌연사한다. 아무런 전조 증상을 느끼지 못했는데 갑자기 죽는 것이다. 이유는 한 가지. 심장이 멈췄기 때문이다. 심근경색이다. 물론 심장이 그냥 멈추기야 했겠는가. 우리가 알지 못하는 이유가 있었을 테지만 자신이나 가족이 알아차리지 못한 상태였을 것이다.

돌연사는 정말 황망하다. 교회 고등부 시절 여학생 후배는 잠을 자다가 죽었다. 교회 집사님도 주무시다 돌아가셨다. 평생 새벽 기도회를 빠지지 않던 이가 일어나지 않았지만 아내분은 피곤한가보다 하고 혼자 새벽 기도회를 다녀왔는데 여전히 자고 있더라고 했다. 그 집사님의 아들은 어느 날 내게 "제가 오래 살지는 않았지만 그날 아침은 정말 황당했어요"라고 말했다. 이 친구는 아직 '황망'이라는 말을 몰랐을 뿐이다.

심근경색은 대부분 자는 동안이 아니라 거리를 걸어다닐 때나 사무실에서 일할 때 그리고 운전할 때 일어난다. 이것은 그가 살아날 기회가 있었다는 것을 말한다. 지하철 플랫폼에서는 갑자기 쓰러진 시민을 살려내는 심폐소생술 시범 비디오를 볼 수 있다. 하도 봐서 외울 지경이 되었다. ① 환자의 목을 짚어서 맥박이 없으면 입에서 입으로 바람을 불어넣는다. ② 무릎을 꿇은 자세로 심장 마사지를 시작한다. 이때 체중을 실어서 무려 5센티미터 정도 내려가도록 꾹 눌러야 한다. 구조자가 두 명일 경우에는 한 사람이 호흡 한 번 하면 다른 사람이 심장 마사지 다섯 번 하고, 구조자가 한 명일 경우에는 두 번 호흡하고 열다섯 번 심장 마사지를 한다.

심장이 멎으면 뇌에 산소가 공급되지 않는다. 이 시간이 5분을 넘기면 뇌는 다시 정상으로 돌아오지 않는다. 그래서 즉시 도와야 하는데 이를 위해서 시민들이 많이 다니는 공공장소에는 자동 제세동기(심장충격기)가 설치되어 있다. 제세동기는 수천 볼트의 전압으로 1~20암페어의 전기를 순간적으로 흘려보낸다. 그래서 도와주는 사람이 환자의 몸에 접촉해서 감전 사고를 당하지 않도록 주의해야 한다.

가장 중요한 것이 또 있다. 119에 신고하는 것이다. 만약 혼자 있다면 먼저 119에 신고한 뒤 응급 처치를 하고, 주변에 사람이 있다면 한 사람을 지목해서 부탁해야 한다. "남색 패딩 입은 아저씨, 119에 신고 좀 해주세요." 안 그러면 다들 나 아닌 누군가가 119에 신고할 거라고 기대하면서 걱정스럽게 구경만 하고 있는 경우가 많다.

모든 일에는 연습이 필요하다. 학교와 직장에서 심폐소생술과 자동 제세동기 사용법을 의무적으로 가르치면 어떨까? 취직할 때 토익 점수를 요구하는 것처럼 심폐소생술 자격증을 요구한다면 길거리에서 황망하게 숨지는 일은 훨씬 줄어들 것이다. 남의 일이 아니다. 여덟 명 가운데 한 명이 돌연사하고 있다. 자연사하지 말고 끝까지 살아남아서 병사하자.

실패의 축적

노벨상 수상자가 발표되는 10월이 되면 라디오 방송에 출연해 노벨상 수상 연구를 소개해 달라는 요청을 받는다. 이때마다 반복되는 황당한 요구가 있다. "초등학생도 이해할 수 있도록 쉽게 설명해주세요"가 바로 그것. 아니 초등학생도 들어서 이해할 수 있는 과학적 성과에 누가 노벨상을 주겠는가! 그런 일은 없다. 초등학생이 아니라 성인에게도 쉽게 설명할 방법이 없다. 단지 이러저러한 연구가 노벨상을 받았다고 전달하는 게 전부다. 그거면 충분하다. 수십 년이 지난 다음에는 초등학생도 이해하는 내용이 될 것이다. 2017년 노벨 물리학상을 수상한 중력파 연구는 그나마 소개가 많이 되었지만 2016년에 노벨 물리학상을 수상한 물질의 위상전위에 관한 연구는 아직도 대중에게 설명할 방법이 없다. 심지어 물리학자조차도 이해하지 못하는 사람이 태반이다.

그래도 과학자들은 라디오에 출연해서 최대한 대중이 이해할 수 있도록 설명하려고 노력한다. 그런데 항상 마지막에 듣는 질문에는 힘이 빠진다. 그것은 "그렇다면 우리나라는 언제쯤 노벨상을 받게 될까요?"라는 질문이다. 이는 물론 2000년에 이미 고(故) 김대중 대통령이 받은 노벨 평화상을 무시하는 질문은 아니다. 노벨 과학상을 언제 받을 수 있을 것인지가 궁금한 것. 이때 할 수 있는 대답은 하나다. "앞으로 15년 안에는 없을 것입니다"가 바로 그것. 왜 그럴까? 간단하다. 해놓은 것이 없기 때문이다. 그러면 라디오 진행자는 "아니, 한국의 GDP 대비 R&D 예산이 세계 1위이고 한국 과학자들은 새벽부터 밤늦게까지 연구하고 있는데 해놓은 게 없다니요. 그게 말이 됩니까?"라고 반문한다.

사실이다. 정말로 해놓은 게 없다. 어떤 연구에 노벨상을 줄까? 인류의 삶에 선한 영향을 끼친 연구 가운데 남들이 하지 않은 독창적인 연구에 노벨상을 준다. 노벨상 수상자들은 천재가 아니다. 그들은 실패에 실패를 거듭한 끝에 끈기 있게 연구하여 성공한 사람들이다. 수없이 많은 실패를 한 사람들인 것이다. 그런데 우리는 여태 남들이 해놓은 연구를 따라했다. 뛰어난 과학자들이 정말 열심히 선진국의 연구를 베끼고 한국 사회에 적용한 덕분에 우리나라가 지금 여기까지 발전했다. 우리는 과학자들이 실패할 틈을 주지 않았다. 후발 주자로서 바빴기 때문이다. 한국의 연구 풍토는 소위 추격형 경제의 성공에 결정적인 역할을 했다.

우리는 이제 안다. 더 이상 추격형 경제로는 우리나라가 버틸 수 없다는 사실을 말이다. 이젠 선도형 경제로 전환해야 하고 그러기 위해서는 우리도 실패를 거듭하는 연구에 투자해야 한다. 필요한 것은 두 가지. 사람과 돈이다. 이제 사람은 부족하지 않다. 우리나라도 충분한 전문가가 있다. 그들이 맘 놓고 일할 수 있는 일자리와 연구비만 있으면 된다. 우리나라의 연구개발비가 사실 적은 것은 아니며 매년 늘고 있다. 하지만 정부가 연구 주제를 정해주는 '톱다운(Top-Down)' 방식이 대부분이고 연구자가 창의력을 발휘해서 주제를 제안하는 '자유공모형' 과제의 비중은 오히려 줄었다. 이런 추세가 기초과학 연구를 위축시켰다.

2016년 9월, 뜻을 모은 1천여 명의 과학자들이 문제 해결을 촉구하는 청원을 발의했고, 국회 본회의에서 이 청원이 채택되었다. 국회는 자유공모형 연구를 선진국 수준으로 지원하라고 정부에 촉구했다. 이에 과학기술정보통신부는 자유공모형 연구에 대한 예산을 장기적으로 두 배까지 확대하기로 하고 우선 2018년 예산부터 확대하기로 했다. 과학자들은 이제 연구에 몰두하면 된다. 그렇다. 문제는 해결되었다.

바로 얼마 전까지만 해도 그런 줄 알았다. 그런데 정부와 국회가 기초과학을 등졌다. 애초 과학기술정보통신부가 책정한 2018년 기초연구 지원 예산은 1조 5,000억 원이었다. 기획재정부는 예산안을 편성하면서 400억 원을 삭감하여 1조 4,600억 원의 예산안을 국회에 제출했다. 그리고 국회에서 또다시 400억 원을 삭감하여 최종적으로 1조 4,200억 원으로 확정했다. 2018년도 기초연구 지원 예산이 당초 계획보다 800억 원이나 삭감된 것이다.

삭감된 800억 원은 과학자들이 연구하고 싶은 주제를 제안하는 자유공모형 연구에 지원할 자금이었다. 800억 원은 720개의 과제에 해당하는 예산이다. 예산안이 국회에서 심사받는 과정에서만 360개의 기초연구 과제가 사라진 것이다. 아쉽다.

　　노벨상이 연구의 목표가 될 수는 없다. 노벨상을 목표로 연구하는 사람도 없다. 하지만 실패를 겪다보면 노벨상을 받을 수도 있는 것이다. 말로만 기초과학을 지원하는 것이 아니라 예산으로 지원해야 한다. 그 시점이 한 해만 늦어진 것이기를 바란다.

추락하는 것은 날개가 있다

그리스 신화에 등장하는 다이달로스는 최고의 건축가이자 장인이었다. 크레타의 미노스 왕은 다이달로스에게 한번 들어가면 빠져나오지 못할 미궁(迷宮)을 만들라는 명령을 내렸다. 자신의 아내와 황소 사이에서 태어난 미노타우루스를 가두기 위해서였다. 그러나 테세우스가 미궁을 탈출하자 화가 난 미노스 왕은 다이달로스와 그의 어린 아들 이카로스를 미궁에 가두어버렸다. 만들지 못하는 게 없는 다이달로스는 새의 깃털을 밀랍으로 이어붙여 날개를 만들어냈다. 다이달로스는 새의 날개를 달고 탈출하면서 아들에게 너무 높이 날아서도 안 되고, 너무 낮게 날아서도 안 된다고 신신당부를 했다. 하지만 평범한 비행에 싫증이 난 이카로스는 아버지의 말을 무시하고 점점 높이 오르다가 태양열에 밀랍이 녹아 날개가 떨어져 나가면서 추락하고 말았다.

이 신화에는 두 가지 오류가 있다. 첫 번째는 빠져나오지 못할 미궁이란 없다는 것이다. 위상수학은 미궁을 빠져나올 아주 간단한 방식을 제공한다. 한쪽 벽에서 손을 떼지 않고 끝까지 걷다보면 언젠가는 출구를 찾게 된다. 둘째는 하늘 높이 날면 점점 더워지는 게 아니라 오히려 추워진다는 사실이다. 이카로스는 추워서 정신을 잃고 추락했을 가능성이 더 높다.

　이카로스는 아버지의 말을 듣지 않은 어리석은 인물일까? 신화에 등장하는 주요 인물들은 모두 양면성을 갖고 있다. 그래야 신화적인 존재가 되기 때문이다. 그런데 희한하게도 이카로스는 실패한 인물로만 주목받는 경향이 있다. 이제 다른 면을 보자. 이카로스는 자신이 속한 세계를 뛰어넘어서 다른 세계의 경계를 두드린 인물이다. 우리가 주목해야 할 것은 이카로스의 추락이 아니라 비상인 것이다.

　중국의 (그냥 우주선이나 인공위성이 아니라) 우주정거장 '톈궁' 1호가 2018년 4월 2일 오전 8시 50분에 우리나라 상공을 지나친 후 9시 16분에 남태평양에 추락했다. 대기권에 진입한 뒤 마찰열로 불타고 일부 파편만 바다에 떨어졌으니 누가 주울 확률은 희박하다.

　'하늘의 궁전'이란 뜻의 톈궁은 2011년 발사됐다. 현재 우주에 떠 있는 우주정거장은 우리나라의 이소연 박사가 다녀온 국제우주정거장(ISS)과 2016년에 발사된 톈궁 2호뿐이다. 톈궁 1호와 달리 톈궁 2호는 장기체류를 목표로 만들었다. 이미 2016년에 우주선 선저우(神丹) 11호가 톈궁 2호와 도킹하는 데 성공해 우주인 두 명이 30일간 우주정거장에 체류하면서 우주의학, 수리유지기술 등 여러 가지 실험을 했다. 전 세계적으로 우주 도킹에 성공한 나라는 미국, 러시아, 중국 세 나라뿐이다. 우리가 중국에 발 마사지 받으러 다니는 동안 중국은 1996년 이후에는 인공위성 발사 성공률이 100퍼센트에 달하는 세계 최강의 우주 개발국이 되었다.

그 사이에 우리는 무엇을 하고 있었을까? 2008년 4월 8일 이소연 박사가 러시아 우주선 소유즈 TMA-12호를 타고 우주에 올라 ISS에서 11일 동안 머문 지 꼭 11년이 되었다. 두 차례의 나로호 발사 실패 이후 2013년 1월 30일 대한민국 첫 우주발사체 나로호가 성공적으로 발사됐고 나로과학위성이 고도 300킬로미터의 궤도에서 지구 주위를 돌고 있다. 두 차례의 실패는 우리에게 커다란 자산이 되었다. 그 전에 우리는 발사 실패도 못 해보았으니 말이다.

한편 황당한 사건도 있었다. KT가 통신위성인 무궁화 3호를 홍콩의 위성 서비스업체 ABS에 단돈 5억 3천만 원에 팔아버렸다. 무려 3천억 원이나 들여 만든 인공위성을 아파트 한 채 값에 판 것이다. 그것도 몰래. 이후 재매입을 위한 협상을 벌이다 도리어 소송을 당해 다시 1백만 달러 이상(약 11억 원)을 물어주라는 판결을 받았다.

톈궁 1호의 추락을 예고하고 경계령이 내리자 사람들은 다양한 반응을 보였다. 우주 쓰레기를 걱정하면서 우주에 인공위성 같은 것 좀 그만 쏘아 올리라고 요구하는 사람이 있는가 하면, 중국 기술의 후진성을 거론하며 비웃는 사람도 있었다. 나는 자기네 우주정거장이 추락하는 사건을 경험

하는 중국이 부러웠다. 우주를 탐험해야 한다면 추락은 피할
수 없는 과정이다.

추락하기 위해서는 일단 우주에 올라야 하고 그러기 위
해서는 날개가 필요하다. 요절한 작가 이상의 소설「날개」는
이렇게 끝을 맺는다.

날개야 다시 돋아라.
날자. 날자. 날자. 한 번만 더 날자꾸나.
한 번만 더 날아보자꾸나.

편히 쉬세요

1988년 어느 날 KBS 9시 뉴스를 시청하던 중 나는 놀라운 경험을 했다. 그 당시 뉴스는 첫 번째 뉴스가 무조건 대통령 소식이었다. 9시 시보를 알리는 땡 소리 직후에 "전두환 대통령은…"으로 시작하는 소위 땡전 뉴스 정도는 아니었지만 그래도 대통령 동정이 주요 뉴스로 다뤄지던 시대였다. 그런데 놀랍게도 뉴스 초반에 과학 소식이 전해졌다. 그것도 책 발간 소식이었다. 『시간의 역사』가 바로 그것이었다.

'시간의 역사'라니…. 아니 시간에 역사가 있다고? 그렇다면 시간도 시작하는 점이 있다는 말인가? 책 제목만 듣고도 의문이 쏟아졌다. 뉴스는 화려했다. 아마도 출판사 쪽에서 제공했을 그래픽을 배경으로 시간의 시작에 대한 이야기를 했다. 그날 나는 '빅뱅'과 '블랙홀'이라는 말을 처음 들었다. 지금이야 초등학생들도 아는 단어고 심지어 유명 아이돌 그룹의 이름으로 사용할 정도로 평범한 말이 되었지만 말이다.

이날 처음 들은 단어가 또 있다. 석좌교수가 바로 그것이다.『시간의 역사』저자가 케임브리지대의 루커스 석좌교수라는 것이다(우리나라에도 이미 석좌교수직이 있었지만 나는 들어본 적이 없었다). 루커스 석좌교수는 케임브리지대의 수학 관련 교수직 가운데 하나로 1663년에 만들어졌다. 만유인력을 발견한 아이작 뉴턴(제2대 루커스 석좌교수, 1669~1701년), 현대 컴퓨터의 개념을 창시한 찰스 배비지(제11대 루커스 석좌교수, 1828~1838년), 양자역학을 탄생시킨 폴 디랙(제15대 루커스 석좌교수, 1932~1968년) 등이 이자리를 차지했었다. 24세기를 배경으로 하는 SF 드라마 〈스타 트렉〉에서 인조인간 '데이터' 소령이 루커스 석좌교수라는 설정만 봐도 석좌교수가 갖는 권위를 짐작할 수 있다. 그런데『시간의 역사』저자는 이미 10년 전인 1979년부터 이자리를 지키고 있다는 것이다.

저자의 이름은 스티븐 호킹. KBS 뉴스는 빅뱅과 블랙홀만큼이나 스티븐 호킹을 중요하게 다루었다. 그럴 만한 이유가 있었다. 그는 루게릭병을 앓고 있었던 것. 루게릭이란 병명 역시 이날 처음 들었다. 루게릭병은 우리의 의지로 움직이는 근육인 수의근(맘대로근)을 제어하는 신경세포가 점차 사라지는 병이다. 근육이 딱딱해지고 약해지며 크기가 작아진다. 당연히 말하기도 힘들어지고 음식물을 삼키기도 어렵다. 화면에 나온 스티븐 호킹은 휠체어에 앉아 있었으며 전신이 마비된 것처럼 보였다. 저런 사람이 빅뱅과 블랙홀에 대한 어마어마한 책을 썼다고? 믿을 수 없었다.

충격의 연속이었다. 나는 아직 거대한 크기의 XT 데스크톱 컴퓨터를 쓰고 있었는데, 스티븐 호킹의 휠체어에는 작은 컴퓨터가 설치되어 있었던 것이다. 그는 겨우 움직일 수 있는 두 손가락만으로 휠체어에 부착된 음성합성기로 대화를 나누고 강연을 했다(말년에는 두 손가락도 움직일 수 없어서 뺨 근육의 움직임만으로 컴퓨터를 작동시켜 연구를 계속했다). 뛰어난 학자를 위한 기술 지원 시스템에 놀랐다.

호킹은 자신의 연구 목표에 대해 자주 이야기했다.

"내 목표는 단순합니다. 우주를 완전히 이해하는 것입니다. 왜 현재와 같은 모습을 띠고 있는지, 애당초 왜 존재하는지를 말입니다."

그는 일반상대성이론의 여러 가지 정리를 증명했고 블랙홀이 열복사를 방출한다는 사실을 밝혀냈다. 하지만 그는 목표를 완전히 이루지는 못했다. 이것은 다음 세대의 일이다. 스티븐 호킹의 가장 큰 업적은 따로 있다.

"내 생애 가장 큰 업적은 살아 있는 것입니다."

그가 대중 강연에서 자주 했던 말이다.

3월 14일은 일반인들에게는 화이트데이, 공산주의자들에게는 카를 마르크스 서거일, 수학 선생님들에게는 파이(π)의 날, 물리학자들에게는 아인슈타인 탄생일로 기억되는 날이다. 2018년 3월 14일 스티븐 호킹은 어느 블랙홀로 빨려 들어갔다. 혹시 아인슈타인의 생일 파티에 초대받았을지도 모르겠다.

스티븐 호킹은 우리를 끊임없이 놀라게 하는 사람이다. 그는 세상을 떠나기 2주 전 다중우주를 증명하기 위한 마지막 논문을 제출했다. 제목은 「영구적 팽창으로부터의 부드러운 탈출」. 우주 태초의 시간으로부터 남아 있는 자연 방사선을 측정하면 다중우주의 존재를 파악할 수 있다는 내용이다. 이론의 영역으로 머물던 다중우주론을 측정의 영역으로 옮기려는 시도다.

슬픈 일이지만 아픈 몸에 오랫동안 갇혀 있던 그는 이제 자유다.

편히 쉬세요, 스티븐.

수학을 포기하면 지금은 행복할 것 같아

많은 분들이 마찬가지겠지만 내겐 하나뿐인 큰딸이 있다. 자기 일에 열심이면서도 세상에 대한 관심을 놓지 않고 또 예의도 바른 청년이다. 그가 어릴 때부터 선택한 일에 나는 반대하지 않았다. 마치 인생의 갈림길에 선 내 선택에 대해 아내가 5초 안에 동의해준 것처럼 말이다. 수학과 과학을 제법 잘하는 아이가 이공계가 아닌 미술대학에 진학하겠다고 할 때도 아빠로서는 아쉽지만 그의 선택을 존중하고 도와주겠다고 했다.

　미술학원에 다니지는 않았지만 학교에 열정적이며 뛰어난 미술 선생님이 계셔서 학업과 미술을 동시에 할 수 있었다. 그러던 어느 날 딸아이의 입에서 수학을 포기해야겠다는 말이 나왔다. 수학 공부만 하지 않으면 그림 그릴 시간이 충분히 생길 것 같다고 했다. 예술의 길에 들어섰으니 수학과 점차 멀어질 줄 알고는 있었지만 고등학교 때 벌써 수학을 포기하겠다니⋯. 쉽게 그러라는 말이 나오지 않았다. 하지만 "아빠, 수학을 포기하면 나중에 어떻게 될지는 모르겠지만 일단 지금은 행복할 것 같아"라는 말에 두 손 들고 말았다. 하나뿐인 큰딸이 행복하겠다는데 어쩌겠는가.

우리나라 인문계 고등학교 교육체계는 비균형적이었다. 문과 계열 학생들은 과학과 수학 교육을 극히 조금만 받고 이과 계열 학생들은 역사와 사회 교육에 소홀했다. 이과 출신인 나는 아직도 세계사에 무식하다. 다행히 2018년부터 문과와 이과 구분이 사라졌다. 드디어 통합교육을 하게 된 것이다. 이게 정상이다.

통합교육의 본질은 무엇일까? 누구나 과학과 수학을 진지하게 배우자는 것이다. 그런데 교육부는 정반대의 길을 걸었다. 지금 고등학교 1학년 학생들은 수학I, 수학II가 아닌 '통합수학'을 배운다. 수업 시간도 예전의 주당 5시간에서 4시간으로 줄어들었다. 2학년부터는 지수와 로그가 포함된 수학I과 미적분이 포함된 수학II를 배운다. 고등학교는 통합교육을 하지만 대입은 여전히 문이과 계열이 분리되어 있다. 문과 계열에 진학하려는 학생은 미적분을 배우지 않아도 된다. 게다가 이과 계열에 진학하려는 학생은 기하(幾何)와 공간벡터를 배우지 못한다. 대입에 필요 없는 것을 누가 가르치겠는가. 통합교육을 한다더니 수학 교육을 포기한 셈이 되어버렸다.

아이들은 행복해야 한다. 행복은 우리 삶의 목표다. 우리 큰아이도 행복하겠다고 수학을 포기했고, 아이들 행복을 위해 수학 시험 문제를 쉽게 내자는 말도 나온다. 그런데 학습 범위가 줄어들고 문제가 쉽다고 해서 아이들이 행복해하지는 않는다. 어차피 성적순으로 줄을 세울 테니 말이다. 차라리 수학만큼은 성적을 점수가 아니라 합격·불합격으로 구분하면 어떨까? 필요한 것을 다 가르치고 문제도 쉬운 문제뿐만 아니라 어려운 문제도 내서 도전하고 싶은 아이들에게 도전할 기회를 주자는 것이다. 대신 줄 세우지 말고 일정 수준만 통과하면 합격한 것으로 하면 되지 않을까.

생태학자 최재천 교수는 지금처럼 이과 계열에 진학할 학생마저도 기하를 포기하게 할 바에야 차라리 다시 예전처럼 문이과를 분리하라고 외쳤다. (이걸 곧이곧대로 받아들이는 교육 관계자는 없기 바란다.) 그러자 오히려 수학자 가운데 반대 의견을 내는 사람이 있었다. 논리적 훈련은 수학 말고 다른 방법으로도 얼마든지 할 수 있으며, 미적분학이나 위상수학은 일반인뿐만 아니라 웬만한 과학자에게도 필요 없다고 강변한다. 어렵고 쓸데없는 수학을 가르치느니 차라리 코딩 교육에 올빵하라는 것이다. 수학자의 반응이 무척이나 충격적이었다.

이때 내 손에 수학자의 책이 한 권 들어왔다. 영국 옥스퍼드대학교 머튼칼리지와 서울고등과학원에서 연구하고 가르치는 김민형 교수가 최근에 낸 『수학이 필요한 순간』이다. 이 책은 이렇게 시작한다.

"수학자 중에서 수학에 대해 생각하기 좋아하는 사람은 많지 않다."

맞다. 화학자는 화학에 대해 생각하기보다는 그냥 화학을 하고 생물학자도 생물학에 대해 생각하기보다는 그냥 생물학을 한다. 수학자도 마찬가지일 것이다. 정작 화학, 생물학, 수학의 의미에 대해서는 그 세계 밖에 있는 사람들이 더 진지하게 생각할지도 모르겠다.

도대체 수학이 왜 필요한 것이기에 수학자도 필요 없다고 주장하는 수학에 대해 안타까워하는 사람들이 많은 것일까? 여기에 대해 김민형 교수 책의 편집진은 "누구나 살면서 수많은 문제를 만납니다. 단순하게 해결되는 경우도 있지만, 도저히 답을 찾을 수 없거나 어떤 답을 원하는지조차 모르는 경우에 직면하기도 합니다. 그럴 때마다 질문을 탐구하는 과정 자체가 새로운 길을 보여줄 때가 있습니다. 수학이 필요한 순간은 바로 그런 순간입니다"라고 대답한다.

국가수리과학연구소의 오정근 박사는 중력파 검출 프로젝트에 참여했던 물리학자다. 수학이 그의 업이다. 그의 수학 실력에 대해서는 잘 모르겠으나 말장난 솜씨는 단연 최고다. 2021학년도 대학수학능력시험 출제 범위에서 '기하'가 빠지게 된 사태에 대해 그는 이렇게 슬픔을 표현했다.

"한대수와 장기하가 뿔났다. 벡터맨도 우리 곁을 떠난 지 오래다."

최고의 발명

스킨스쿠버를 처음 배울 때 가장 보고 싶은 동물이 뭐냐는 친구의 물음에 "상어"라고 대답하자 대뜸 "상어는 위험한 동물 아냐?"라는 물음이 되돌아왔다. 상어의 눈매와 몸매가 모두 무섭게 생기기는 했지만 사실 그다지 우리에게 위협적인 동물은 아니다. 1년에 상어에게 물려 목숨을 잃는 사람은 10여 명 정도이니 말이다. 10여 명의 목숨을 가벼이 여겨서 하는 말이 아니다. 매년 초식동물인 코끼리에게 100여 명이 밟혀 죽고 귀엽게만 보이는 하마에게 500여 명이 물려 죽는 것을 생각하면, 또 우리가 그토록 좋아하는 개에게 물려 죽는 사람이 25,000명에 달하는 것에 비하면 상어에게 희생되는 사람의 수는 얼마 안 된다는 뜻이다.

우리가 상어를 겁내기보다는 상어가 사람을 두려워해야 하는 게 맞다. 고작 샥스핀 좀 먹겠다는 사람의 욕심 때문에 지느러미만 잘려나간 채 바다에 버려지는 상어가 매년 1억 마리가 넘는다. 덕분에 상어와 가오리 1,000여 종 가운데 25퍼센트는 멸종위기에 처했고 몇몇 종은 최근 15년 사이에 개체수가 98퍼센트나 감소했다. 상어가 보기에 사람은 정말 무서운 존재일 것이다.

그렇다면 사람에게 가장 위협이 되는 동물은 뭘까? 이 질문에 상당히 많은 사람들이 '사람'이라고 대답한다. 사람이 사람을 그렇게 나쁘게 보면 안 된다. 상어에게야 사람이 가장 무서운 동물이겠지만 어떻게 사람이 사람에게 가장 위험한 동물이겠는가. 물론 사람에게 목숨을 잃는 사람이 매년 48만 명 가까이 되는 것은 사실이지만 더 위험한 동물은 따로 있다. 매년 75만 명 정도가 모기 때문에 목숨을 잃는다. 물론 모기에게 물려서 과도한 출혈로 죽는 것은 아니다. 모기가 옮긴 말라리아 때문이다. 요즘도 매년 2~3억 명이 말라리아에 감염된다. 우리나라도 말라리아 청정국가는 아니다. 매년 700명 가까운 환자가 발생한다.

요즘엔 모기가 말라리아를 옮긴다는 사실을 다들 알고 있지만 19세기 말까지도 말라리아는 나쁜 공기 때문에 전파된다고 믿었다. 말라리아라는 병명 자체가 이탈리아어로 '나쁜'의 뜻을 가진 'mal'과 공기를 뜻하는 'aria'가 합쳐진 말이다. 잘못된 진단은 잘못된 처방을 낳는다. 19세기 말 의사들은 말라리아를 막기 위해서는 늪지에서 발생하는 나쁜 공기를 없애야 한다고 생각했다. 그래서 나온 발명품이 말라리아 병동에 차가운 공기를 주입하는 장치다. 말라리아 병동에 찬 공기를 주입해도 환자들의 예후에는 큰 도움이 되지 못한 것은 당연지사. 하지만 이 시도는 역사상 최고의 발명으로 이어진다. 에어컨이 바로 그것이다.

최초의 전기식 에어컨은 1902년 7월에 발명되었다. 뢴트겐(1845~1923)이 X선을 발견한 해가 1895년이고 그가 최초의 노벨 물리학상을 수상한 해가 1901년이며 아인슈타인이 특수상대성이론을 발표한 해가 1905년인 것을 생각하면 에어컨은 과학이 비약적으로 발전하던 시기에 등장한 첨단 기술이라고 할 수 있다. 그 주인공은 제철소에서 근무하던 전기 엔지니어 윌리스 캐리어(1876~1950). 1915년에 캐리어 주식회사를 설립한 바로 그 사람이다.

50만 년 전 불을 일상적으로 사용하게 된 인류에게 새로운 땅과 새로운 시간이 열렸다면 1915년부터 본격적으로 생산된 에어컨은 인류에게 여름을 선사했다. 원래 한여름에는 아무것도 하지 못했다. 하지에 감자를 캔 후 8월 중순 이후 무와 배추를 심을 때까지 한여름에는 밭에 심을 작물도 없다. 학교도 문을 닫는다. 여름은 너무 덥기 때문이다. 그런데 에어컨이 여름을 즐기는 계절로 바꿔놓았다. 드디어 사람들은 한여름에도 극장에 갈 수 있었다. 그리고 더운 지방에 대도시가 생겨났다. 20세기의 에어컨은 50만 년 전의 불만큼이나 사람들이 살 수 있는 공간과 사람이 쓸 수 있는 시간을 확장시켰다.

세상에 공짜는 없다. 에어컨 바람을 쐬기 위해 우리는 무수히 많은 발전소를 지어야 했고 마침내 핵발전소를 짓는 데도 거침이 없어졌다. 핵발전소 폐기물 처리 비용과 핵발전소의 잠재적인 위험에 대한 걱정보다는 당장 내 머리 위로 쏟아지는 찬바람의 유혹이 훨씬 컸다. 여기에 대한 반성으로 재작년 2월에 이사하면서 에어컨을 옛집에 두고 왔다. 에어컨에 의지하여 여름을 이기려 들지 말고 더위를 온전히 견뎌내면서 자연에 순응하며 살겠다는 다짐이었다. 교만이었다. 7월 초가 되자 밤잠을 이루지 못했다. 결국 에어컨을 주문했고 배달되기까지 3주나 기다리면서 불면의 밤을 보내야 했다. 7월 마지막 날 마침내 배달된 에어컨 앞에서 나는 한없이 겸손한 자세로 찬바람을 쐈다. 최신식 에어컨은 전기도 많이 안 먹고, 요즘은 염천에도 전력예비율이 30퍼센트에 육박한다는 소식에 마음이 조금 놓인다.

　고백한다. 나는 에어컨 없이는 못 살겠다. 에어컨은 최소한의 인권의 문제다. 그런데 나만 더운 게 아니지 않은가. 아파트 경비실과 군대 막사 그리고 감옥에 에어컨을 달자. 창문도 없는 쪽방에서 하루 종일 견뎌야 하는 독거노인들을 위한 여름 숙소를 마련하자.

(2 부)

사랑이 이긴다

중성자와 인권상

만물은 원자(atom)로 이루어진다. 원자는 한 가지가 아니다. 각 원자의 종류를 원소(element)라고 한다. 예를 들어 포도당($C_6H_{12}O_6$)은 탄소(C) 원자 6개, 수소(H) 원자 12개, 산소(O) 원자 6개로 이루어져 있다. 포도당을 구성하는 원소의 종류는 탄소(C), 수소(H), 산소(O) 3가지이다. 원자는 원래 '쪼개지지 않는다'라는 뜻을 품고 있지만 20세기 물리학자들은 원자가 핵과 전자로 이루어졌다는 사실을 알게 되었다. 핵은 다시 양성자와 중성자로 구성되어 있다는 것이 밝혀졌다.

원자핵의 정체성은 오로지 양성자에 의해 결정된다. 원소의 정체는 핵 안에 몇 개의 양성자가 들어있느냐에 따라 정해진다. 양성자가 하나면 수소, 두 개면 헬륨, 여섯 개면 탄소, 여덟 개면 산소라는 식이다. 원소의 정체성에 중성자는 아무런 역할을 하지 못한다.

중성자는 말 그대로 전하가 없는 입자다. 양성자처럼 양(+)전하를 띠거나 전자처럼 음(−)전하를 띠지 않는 중성적 존재다. 우리는 중성적 존재에게 어떤 의미를 부여하는

데 인색하다. 안정적이고 평온해서 힘이 없고 별다른 역할을 하지 못할 것 같다. 하지만 중성자는 핵발전에 가장 중요한 요소다. 핵이 분열할 때 만들어진 중성자가 핵의 연쇄반응을 일으키기 때문이다. 중성자가 있기에 핵발전과 핵무기가 가능한 것이다.

하지만 중성자는 내게 지루한 존재일 뿐이었다. 그러던 어느 날 9시 뉴스에서 중성자탄에 대한 보도를 보고 나서야 중성자는 드디어 두려운 대상이 되었다. 중성자탄은 건물은 파괴하지 않고 건물 속에 들어 있는 생명만 살상하는 폭탄이다. 핵폭탄이나 수소폭탄을 사용하면 그 지역이 모두 파괴되고 방사능에 오염되기 때문에 폭탄을 사용하는 입장에서도 그 지역과 장비를 활용할 수 없다. 하지만 중성자탄을 사용하면 점령지의 장비를 그대로 사용할 수 있고 방사능 걱정도 없으며 심지어 식량물자도 그대로 쓸 수 있다. 이보다 효율적이고 무서운 무기가 또 어디에 있겠는가.

중성자에게는 잘못이 없지만 중성자를 미워할 수밖에 없는 이유가 생긴 셈이다. 그 이후로 어찌 된 일인지 중성자탄에 대한 보도가 별로 없었다. 중성자탄에 대한 두려움이 서서히 잊혔고 중성자에게는 중요하지 않고 지루한 이미지가 다시 생겨났다.

그런데 만물을 구성하는 원소들은 어디에서 왔을까? 수소와 헬륨은 빅뱅의 순간에 생겨났다. 나머지 원소들은 대개 별 안에서 핵융합으로 생겨난다. 생성되는 데 엄청난 에너지가 필요한 커다란 원소들은 초신성이 폭발할 때 생긴다. 이런 사실이 밝혀지자 "우리는 모두 별에서 왔어요"라는 낭만적인 말을 하게 되었다. 그런데 원소의 생성에 대해 우리가 알고 있는 것은 수소에서 철까지뿐이다. 철보다 더 커다란 원소들은 어떻게 생기는지 모른다.

철보다 무거운 원소들은 어떻게 생겨날까? 천체물리학자들은 철에 중성자가 결합해서 생길 것이라고 짐작했다. 중성자는 전기적으로 중성이기 때문에 다른 원자핵과 결합할 때 반발력이 생기지 않기 때문이다. 문제는 중성자는 핵 안에서는 안정적이지만 핵 바깥에서는 10분 안에 붕괴하고 만다는 것. 자유로운 중성자가 붕괴하기 전에 철과 만날 방법이 있어야 한다. 천체물리학자들은 두 개의 중성자별이 충돌해서 합쳐지면 가능할 것이라고 계산했다.

중성자별은 초신성이 폭발한 다음에 만들어지는 아주 작은 별인데, 이름처럼 대부분 중성자로 구성된 희한한 별이다. 지름이 고작 16~32킬로미터 정도로 아주 작다. 하지만 질량은 태양의 1.5~2배나 된다. 밀도가 엄청나게 높다. 중성자별의 부피 1밀리리터가 차지하는 질량이 1억 톤이나 될 정도다. 밀도가 높다보니 결국에는 블랙홀이 되어버리기도 한다.

중성자별에서 무거운 원소가 생길 것이라는 추측은 수학적인 결과일 뿐이다. 확인할 수가 없었다. 이때 등장한 것이 바로 2017년 노벨 물리학상을 받은 중력파다. 두 개의 블랙홀이 충돌할 때 발생한 중력파가 검출된 것이다. 그렇다면 두 개의 중성자별이 충돌해도 중력파가 발생하지 않을까? 이 중력파를 발견한다면 두 개의 중성자별이 충돌하는 현장을 목격할 수 있지 않을까? 천체물리학자들은 중성자별이 충돌해서 생기는 중력파를 탐색했다.

그리고 마침내 2017년 8월 17일 밤 9시 41분, 라이고 (LIGO)와 버고(VIRGO) 과학협력단은 두 개의 중성자별이 충돌할 때 발생한 중력파를 관측했다. 연구팀은 이어서 중력파가 정확히 언제 어디에서 발생했는지를 밝혀냈다. 1억 3천만 년 전 공룡의 전성기에 일어난 사건이었다. 이때 중성자들이 기존의 무거운 원소와 융합하면서 금과 백금처럼 더 무거운 원소들이 생겨난 것도 확인했다. 이 발견으로 원자핵의 정체가 밝혀진 이후 남아 있던 수수께끼가 풀리게 되었다. 이제 새로운 천체물리학의 세계가 열렸다. 천체물리학의 대사건에 한국중력파연구단, 서울대 초기우주천체연구단과 한국천문연구원 등이 중요한 역할을 했다는 사실에 대해 우리는 자부심을 가져야 하고 연구자들을 격려해야 한다.

우주사에서 정작 중요한 일은 중성자가 일으켰다. 인간사에서도 마찬가지다. 이쪽도 저쪽도 아닌 것 같은 평범한 시민들이 역사를 만들었다. 그 공로로 2017년 대한민국 시민들이 에버트 인권상을 받았다. 자랑할 일이다.

그는 유머로 싸웠다

내게 불타는 욕정의 눈빛을 보여준 여인은 (다행인지 불행인지) 여태 단 한 사람뿐이었다. 나는 그 여인을 도통 이해하지 못했다. 내 육체는 여인들이 좋아할 타입이 전혀 아니기 때문이다. 여자들이 좋아하는 남자들은 대개 정해져 있지 않은가. 나처럼 작고 뚱뚱한 사람보다는 어깨가 넓고 키가 크고 잘생긴 사람 말이다. 잘생긴 거야 그렇다고 쳐도 여전히 넓은 어깨와 큰 키를 선호하는 성향은 참으로 유감이고 안타깝다. 지금은 수렵채집사회가 아니지 않는가.

이런 내 생각은 순전히 오해였다. 진화심리학의 연구에 따르면 단기적인 짝이 아니라 장기적인 배우자를 선택하려는 여인들에게 중요한 기준은 따로 있었다. 여인들은 건장한 남자보다는 이타적인 성향이 강한 남자를 장기적인 배우자로 선호한다. 그렇다면 이타적인 성향이 있는지 어떻게 알까? 친절하고 이해심이 넓은 성격이 바로미터다. 친절함은 넉넉한 자원, 자원을 제공하려는 마음, 좋은 성격, 양육에 적극적으로 참여하려는 의지를 드러낸다.

그렇다고 해서 목록을 가지고 다니면서 이런 사항을 세세하게 따지고 점수를 매길 수는 없는 법이다. 이 모든 요소들은 한꺼번에 드러난다. 유머가 바로 그것이다. 장기적인 배우자를 찾을 때 여인들은 유머를 잘 구사하는 남자를 선호한다. 여인들이 배우자의 유머를 중요시하는 이유에 대해 진화심리학자 제프리 밀러는 유머는 좋은 유전자를 가진 표지이기 때문이라고 설명한다. 유머 자체는 생존과 번식에 도움이 되지 않는다. 하지만 유머를 구사하려면 창의적이고 머리 회전이 뛰어나야 한다. 따라서 '지금 내 앞에서 구사하고 있는 유머를 보니 확실히 우월한 유전자와 능력을 소유하고 있는 게 분명하구나'라고 판단한다는 이야기다.

여인 앞에서 유머를 구사하는 것은 마치 수컷 공작새가 암컷 앞에서 화려한 꼬리 윗덮깃을 활짝 펴서 자랑하는 것과 같다. 화려한 꼬리 윗덮깃은 포식자의 눈에 잘 띄어 생존에 불리한 요소다. 하지만 암컷 앞에서는 '나는 건강하다. 내 유전자는 탁월하다'라는 광고판 역할을 한다. 물론 이런 화려한 장식이 공작새에게만 있는 것은 아니다. 공작처럼 유난스럽지만 않을 뿐이지 다른 수컷 새들도 가지고 있다. 아마 공룡에게도 비슷한 장치가 있었을 것이다. 인간은 날개와 화려한 깃털이 없는 대신 다양한 표정을 지으면서 말하는 능력이 있다. 웃기고 웃을 수 있다. 웃음은 오래 살아남아서 많은 자손을 남기는 데 효과적인 도구다. 따라서 유머와 웃음은 자연선택으로 잘 다듬어진 생물학적 적응인 셈이다.

인간은 다양한 수준에서 짝을 짓고 배우자를 선택한다. 친구를 사귀고 동아리에 가입하고 직원을 뽑고 사업 파트너를 결정한다. 이때도 유머는 중요한 기준이다. 친절한 동료와 명랑한 직장 분위기는 내가 얻을 수 있는 자원이 그 안에 얼마나 많은지 알려준다. 내가 그 집단에 남기 위해서 얼마나 기여해야 하는지에 대한 답 역시 나온다.

정치에서도 마찬가지다. 대의민주주의 사회에서는 자신을 대변할 정치가와 정당을 선택해야 한다. 이때도 단기적인 짝과 장기적인 배우자 선택 전략은 다르다. 단기적으로는 결연한 의지를 보여주는 거친 투쟁가가 좋다. 바쁜 나를 대신해서 열렬히 싸워줄 사람 말이다. 하지만 한두 해가 아니라 10년, 20년이 걸릴 긴 싸움에서는 다르다. 창의성과 뛰어난 두뇌를 가진 사람을 선택한다. 그가 누군지 어떻게 아는가? 정치에서도 역시 유머가 중요한 판단 기준이 아닐까.

[2004년 17대 총선 당시 거대 양당인 한나라당, 민주당을 비판하며]
"한나라당과 민주당, 고생하셨습니다. 이제 퇴장하십시오. 50년 동안 썩은 판을 갈아야 합니다. 50년 동안 같은 판에다 삼겹살 구워먹으면 고기가 시커메집니다."

[부유세 도입을 주장하며]
"옆에서 굶고 있는데 암소 갈비 뜯어도 됩니까? 암

소 갈비 뜯는 사람들 불고기 드세요. 그럼 그 옆에 사람이
라면 먹을 수 있어요."

[2012년 19대 총선 당시 새누리당 의원이 야권연대
를 비판하자]
"우리나라랑 일본이랑 사이가 안 좋아도 외계인이
침공하면 힘을 합해야 하지 않겠습니까?"

[2018년 적폐청산이 정치보복이라는 주장을 반박
하며]
"청소할 땐 청소해야지, 청소하는 게 '먼지에 대한
보복이다' 그렇게 얘기하면 됩니까?"

호빵맨 고(故) 노회찬의 말이다. 그는 언제나 현장에 있
었다. 함께 고통받고 멸시당했다. 하지만 그는 거친 싸움만
하는 사람이 아니었다. 사람들이 분노를 터뜨릴 때 그는 유
머로 싸웠다. 사람들이 알아듣기 쉽고 재밌게 말했다. 하루
이틀의 싸움이 아니라 10년, 20년의 싸움이라는 걸 알았기
때문이다.
여인이 유머를 잘하는 남자를 선호하듯, 시민들도 유머
가 좋은 정치인 노회찬을 선택했다. 정파가 다르더라도 그를
신뢰하고 사랑했다. 한때 내게 불타는 눈빛을 보여주었던 여
인이 요즘은 시들하다. 섭섭하지만 어쩔 수 없다. 생물학적

으로 자연스럽다. 하지만 한국 정치의 수준을 끌어올린 정치가에 대한 우리의 애정은 쉽게 식지 않을 것이다. 노동운동가 노회찬, 진보정치인 노회찬, 그리고 유머와 웃음의 사나이 노회찬은 우리 가슴속에 오래 남아 있을 것이다. 웃는 낯으로. 그대 잘 가라. 꽃가마 타고.

사랑이 이긴다

"이 서방, 축하하네. 자네가 아빠가 됐어."

1992년의 어느 가을날 새벽, 독일에서 전화를 받았다. 그리고 무작정 170킬로미터 떨어진 프랑크푸르트 공항으로 향했다. 젊은 배낭여행객이 기꺼이 비행기 좌석을 양보해준 덕분에 열두 시간 후 자양동에 있는 산부인과에 도착할 수 있었다. 병원 밖에 나와 계시던 장모님이 내 손을 부여잡고 침통한 표정으로 말씀하셨다.

"이 서방, 미안하네."

나는 더 듣지 않았다. 눈물이 핑 돌았다. 가슴이 무너지는 것 같았다. 아내가 누워 있는 산후조리실로 올라가면서 아내에게 뭐라고 위로해야 할지 생각했지만 아무 말도 떠오르지 않았다. 아내는 지친 모습으로 나를 맞았다. 그런데 그 옆에는 아기가 얌전히 누워 있었다. 세상에나 이렇게 예쁜 아기라니… 아빠에게 안긴 아기는 불편했는지 잠에서 깼다. 엄마는 아기에게 젖을 물렸다. 와우! 내가 아빠가 됐다. 그런데 잠깐, 도대체 장모님은 뭐가 미안하시다는 거지? 나중에 알았다. 맙소사! 아들이 아니고 딸이라서 미안하시다는 거였다.

나는 딸인지 이미 알고 있었으며 그래서 좋았다. 나와 두 남동생을 생각하면 우리 집에 남자가 또 생긴다는 것은 재앙처럼 느껴졌다. 도대체 우리 부모님은 뒤스럭스런 아들 셋을 어떻게 키우셨는지 존경스러울 따름이다. 게다가 난자에 들어 있는 X 염색체는 기본 옵션이고 추가 X 염색체는 내 몸에서 나온 정자가 가지고 있던 것 아닌가.

우리 부모님도 "요즘 시대에는 딸이 더 좋아"라고 말씀하셨지만 속마음은 그게 아니었던 것 같다. 몇 년 후 내 동생이 아들을 낳았을 때 좋아하셨던 것을 보면 말이다. 심지어 마침내 당신 제사를 이을 손자가 생겼다는 말씀도 하셨다. 그러거나 말거나 우리 부모님은 3남 1녀의 자식들에게서 모두 2남 5녀의 손주를 얻었고 두 손자는 제삿날 할아버지에게 특별한 예를 갖추지는 않는다.

21세기 제4차 산업혁명 시대에도 아들 타령을 하는 사람들이 동물들에 대해서는 다른 태도를 보인다. 우리나라 사람들이 일 년에 10억 마리나 먹는 치킨은 거의 전부가 암컷이다. 암평아리의 운명은 40일쯤 살다가 튀겨지든지 아니면 1년 동안 알을 낳다가 튀겨지든지 둘 중 하나다. 수컷은 어떨까? 대부분은 태어나자마자 산 채로 분쇄기에 갈려서 비료가 되거나 암탉의 사료가 된다. 극히 일부의 수평아리는 초등학교 앞에서 판매되어 알을 낳는 암탉으로 성장하라는 실현 불가능한 소망의 대상으로 며칠 살다가 죽는다.

이젠 병아리 감별사란 직업도 끝물이다. 병아리가 태어나기 전에 유정란 상태에서 암수를 구별하는 기술이 독일에서 개발되었기 때문이다. 수평아리는 아예 태어나지도 않게 되었다. 하지만 깨어난 상태가 아니라 알 상태라는 차이가 있을 뿐 분쇄기에 들어가야 하는 수평아리의 운명은 달라지지 않는다. 그렇다면 아예 암수를 정해서 낳을 수 있으면 어떨까?

"버드나무로 만든 도끼를 임산부 모르게 이불 밑에 두면 아들을 얻는다."

조선 후기 민간요법을 수집해놓은 『득효방』에 나오는 이야기다. 도끼를 임산부 몰래 이불 밑에 둘 도리가 없으니 실현 불가능한 방법이다. 하지만 동물의 암수가 염색체만으로 결정되는 것은 아니다. 악어는 부화될 때 온도에 따라 암수가 달라진다. 대부분의 거북, 일부 도마뱀도 마찬가지다. 흰동가리('니모'라는 캐릭터로 유명한 물고기)는 암컷이 죽으면 수컷이 암컷으로 변하고 새끼 중 가장 큰 놈이 수컷이 된다. 사람의 경우에도 Y 염색체를 가지고서 딸로 태어나는 아이들이 적지 않다.

2018년 6월 14일자 〈사이언스〉지에는 아기의 성별을 결정하는 DNA 스위치가 발견됐다는 논문이 실렸다. 모든 배아는 그냥 내버려두면 여자가 된다. 그런데 Y 염색체에 있는 SRY라는 유전자가 발현되면서 고환과 페니스 같은 남성 형질이 형성된다. SRY 유전자가 발현되려면 스위치가 작동해야 한다. SRY 유전자의 스위치가 생쥐에게서 발견되었다. 같은 역할을 하는 유전자 스위치가 사람과 닭에게도 있을 것이다. 우리는 모든 병아리를 암평아리로 만들 수 있게 된다. 더 이상 불쌍한 수평아리를 보지 않아도 된다. 마찬가지로 DNA 스위치 하나를 눌러서 '여자만으로 이루어진 세상'을 만들 수도 있을 것이다. (다행히 남자만으로 이루어진 세상은 만들지 못한다.) 그런데 설마 이런 세상을 원하는 사람은 없을 것이다.

내게는 딸만 둘 있다. 딸딸이 아빠로서 "초등학교에 남자 선생님들이 거의 없어서 문제"라는 식의 말이 아주 불편하다. 구성원의 절대 다수가 남성인 교수 사회나 국회에 대해서는 별다른 문제점을 느끼지 못하면서 말이다. 하지만 남자를 조롱과 적대의 대상으로만 삼는 일부 페미니스트에게도 불편함을 느끼기는 마찬가지다.

똘똘 뭉치는 게 운동이 아니다. 운동은 자기편을 늘려가는 과정이다. 남자들을 자신의 적으로 삼는 게 아니라 자신의 편으로 만들어야 이긴다. 예멘 남성 난민들과도 연대해야 이긴다. 명랑하고 안전한 사회는 유전자 스위치로 만들 수 있는 게 아니다. 사랑이 이긴다.

우성과 열성은 없다

그레고어 멘델(1822~1884)은 19세기 오스트리아의 수도사이자 과학 교사였다. 그는 자그마치 7년 동안이나 교배하면서 얻은 2만 9,000여 개의 완두콩에 대한 형질을 조사하여 그 유명한 유전 법칙으로 정리하였다. 멘델 덕분에 생물학은 비약적으로 발전하게 되었고 우리가 현대 의학의 혜택을 받고 있는 것도 그의 연구 덕분이다.

지금 당장 멘델의 세 가지 법칙이 기억나지 않는다고 하더라도 3:1(분리의 법칙)이나 9:3:3:1(독립의 법칙)이라는 숫자는 익숙할 것이다. 또 3:1이라는 숫자는 표현형일 뿐이고 실제 유전자형은 1:2:1이라는 것도 알고 있다. 이 점에 있어서 우리는 자연선택에 의한 진화 이론을 창시한 찰스 다윈(1809~1882)보다 낫다. 찰스 다윈은 달라진 형질이 어떻게 후손에게 전달되어 진화하는지를 죽을 때까지 알지 못했다. 멘델이 자신의 논문을 다윈에게 친절하게 보내주었지만 그는 어떤 이유에서인지 읽지 않았다.

멘델은 둥근 콩과 울퉁불퉁한 콩을 교배시키면 둥근 콩

만 나오든지 아니면 둥근 콩이 훨씬 많이 나온다는 사실을 알게 되었다. 노란 콩과 초록 콩을 교배시킬 때도 마찬가지였다. 그는 둥근 형질과 노란 형질을 '우성', 울퉁불퉁한 형질과 초록 형질을 '열성'으로 표현했다. '우성/열성'이라는 단어는 마치 유전자가 우월/열등하다는 느낌을 준다. 아무리 완두콩이 말 못 하는 생명체라고 해도 그렇게 말해서는 안 된다.

우성과 열성이 올바르지 못한 표현이라는 것은 사람의 형질에 비추어보면 금방 드러난다. 나는 이런 사람이다. 머리카락은 검은색이고(우성) 이마는 직선이며(열성) 눈썹은 외꺼풀인데(열성) 속눈썹은 길다(우성). 코와 콧대는 낮고(열성) 귀는 작으며(열성) 귓불이 뺨에 붙어 있고(열성) 귀지는 바짝 말라 있다(열성). 귀여운 보조개(우성)가 있지만 치열은 고르지 못하고(우성) 입술은 두껍다(우성). 오른손잡이고(우성) 피부가 검다(우성). 그렇다면 나는 우성 인간인가, 아니면 열성 인간인가? 나는 코와 귀는 열성이고 입은 우성이며 눈은 열성과 우성이 반반인 인간일까? 뭔가 좀 이상하지 않은가.

나는 왼손잡이들이 부럽다. 그들은 왼손과 오른손을 모두 자유롭게 쓰기 때문이다. 그런데 왼손잡이가 열성이란다. 엄마가 색맹이면 아들은 반드시 색맹이 된다. 나는 색맹이 아니고, 색맹은 열성이다. 나는 열성 인간을 부러워하는 우성 인간이 되는 셈이다. 이런 고민을 하는 까닭은 우성과 열성이라는 표현 때문이다. 이 표현은 오해와 편견 그리고 혐

오로 이어질 수 있다. 우성은 뛰어나고 열성은 뒤떨어진다는 오해를 받는다. 열성 유전자를 가지고 있는 사람은 부정적인 평가를 받기 십상이다. 우생학의 근거가 되고 인종차별의 이론적인 배경이 되기도 한다.

우리는 굳어버린 용어를 바꾸는 데 매우 인색하다. 중학교 과학 선생님들은 "전류는 양극에서 음극으로 흘러. 하지만 실제로는 전자는 음극에서 양극으로 움직이지"라는 설명을 매년 해야 한다. 전자를 모르던 시절에 전류는 양극에서 음극으로 흐른다고 정했기 때문이다. 그런데 110년 전에 실제로는 전자는 음극에서 양극으로 이동한다는 사실을 알게 되었다. 하지만 여전히 전 세계 과학 선생님들은 귀찮은 설명을 해야 하고 아이들은 괜히 헷갈리고 있다.

우성과 열성이라는 말은 이제 폐기해야 한다. 2017년 일본 유전자학회는 우성과 열성이라는 용어를 더 이상 사용하지 않고 '현성(顯性)'과 '잠성(潛性)'이라는 용어를 쓰기로 했다. 현성은 '눈에 띄는 성질'이라는 뜻이고 잠성은 '숨어 있는 성질'이라는 뜻이다. 정말 기막힌 용어다. 과학적으로도 옳다. 순종 둥근 콩(RR)과 순종 울퉁불퉁한 콩(rr)을 교배시키면 유전자형은 Rr이 된다. 유전자형에는 둥근 성질과 울퉁불퉁한 성질이 다 들어 있다. 그런데 유전자형이 Rr인 완두콩은 둥글다. 그 이유는 두 성질 사이에 우열이 있어서가 아니라 둥근(R) 성질은 눈에 띄고 울퉁불퉁한 성질(r)은 숨어 있기 때문이다.

일본 유전자학회는 '변이'는 '다양성'으로, '색각이상'과 '색맹'은 '색각다양성'으로 바꿔 표현하기로 했다. 유전 정보가 이상하게 변한 것이 아니라 다양한 유전 정보가 있다는 것을 알려주기 위해서다. 세상에 우성 인간과 열성 인간 따위는 없다. 다양한 사람이 있을 뿐이다.

44년간의 관찰

자연에서 한 가장 강도 높고 가치 있는 동물 연구를 하나 꼽으라면 피터 그랜트, 로즈메리 그랜트 부부의 '다윈의 핀치에 관한 연구'를 들 수 있다. 국립생태원 초대 원장을 지낸 최재천 교수는 그랜트 부부의 연구를 담은 조너선 와이너의 책 『핀치의 부리』 추천사에서 "다윈이 다시 살아온다면 그랜트 부부를 제일 먼저 찾을 것이라고 확신한다"라고 썼다. 진화생물학자라면 쉽게 동감할 수 있을 것이다.

다윈의 핀치는 남미 갈라파고스 제도에 살고 있는 작은 새들을 일컫는 총칭이다. 이름에 다윈이 붙어 있으니 마치 다윈이 엄청난 일을 했을 것 같지만 꼭 그렇지도 않다. 다윈은 갈라파고스 제도에서 핀치 표본을 잔뜩 채집해 영국에 보내기만 했을 뿐 그 중요성은 알지 못했다. 부리의 크기와 모양이 다른 것을 뻔히 보고서도 그들이 서로 다른 종이 아니라 같은 종의 작은 변이라고 생각했다. 정작 핀치의 부리가 먹이와 관련 있을 것이라는 가설을 세운 사람들은 후대의 과학자들이다.

가설을 세웠으면 확인해야 한다. 관측, 관찰, 실험이 필요한 것이다. 그런데 자연선택의 과정은 너무 느려서 우리 눈에 보이지 않는다는 게 문제다. 다윈도 갈라파고스 제도에서 5주간이나 머물렀지만 진화의 진행을 목격한 적은 없다. 새의 부리가 변하는 모습을 어느 세월에 확인한단 말인가! 난감한 일이다. 누군가가 엄청난 세월을 보내며 관찰한다고 해서 딱히 이렇다 할 결과가 꼭 나온다는 보장도 없다.

과학자들은 간혹 무모한 선택을 한다. 남들은 엄두도 내지 못할 일을 결정하고 실행하는 것이다. 다윈주의자인 그랜트 부부는 1973년 갈라파고스 제도의 작은 섬에 들어갔다. 그들의 소망은 오직 하나. 진화의 진행을 목격하는 것이다. 부부는 거기에서 44년을 보냈다.

과학자의 무모함에는 근거가 있다. 그랜트 부부가 갈라파고스 제도에 들어간 데는 이유가 있다. 섬은 진화를 연구하는 데 커다란 장점이 있다. 연구 대상이 도망갈 곳도 없고 다른 집단과 짝짓기할 수도 없다. 갈라파고스 제도에 살고 있는 생명들은 마치 실험실 사육장 속의 실험동물처럼 고립되어 있는 셈이다.

피터는 "이제 슬슬 시작해볼까"라며 작업을 시작한다. "날개 길이는 72밀리미터."

로즈메리는 노란색 노트에 수치를 적는다. (중략)

"까만색 부리." 이런 새들의 부리는 연한 뿔색깔이

보통인데, 부리가 까맣다는 것은 짝짓기할 준비가 되었음을 의미한다.

피터는 작은 체중계로 핀치의 몸무게를 잰다. "몸무게는 22.2그램."

"이 새는 굉장히 오래 살았군, 무려 열세 살이야." 피터가 중얼거린다. 섬에는 현재 같은 세대의 핀치가 세 마리 더 있고, 그보다 연장자는 전혀 없다.

— 조너선 와이너, 『핀치의 부리』

그렇다. 그랜트 부부는 섬에 살고 있는 핀치를 모두 구분한다. 누가 누구인지 아는 것이다. 심지어 새들의 족보까지 꿰고 있다.

그랜트 부부가 새를 잡아서 0.1밀리미터 단위까지 측정하면서 기록한 데는 이유가 있다. 그들에게 가장 중요한 것은 부리다. 부리가 생사의 갈림길을 정해주기 때문이다. 가뭄 때 먹을 수 있는 거라고는 크고 단단한 씨앗밖에 없기 때문에 크고 두꺼운 부리를 가진 새가 가뭄을 견뎌내는 데 유리했다. 실제로 1977년 가뭄에서 살아남은 중간땅핀치와 그렇지 못한 중간땅핀치의 부리 크기를 비교해보니 삶과 죽음을 갈라놓은 것은 1.5밀리미터의 부리 차이였다.

1986년 중간땅핀치의 부리 폭은 평균 8.86밀리미터였다. 그런데 이 해에 비가 많이 오자 먹이가 풍부해졌다. 그랜트 부부는 중간땅핀치의 부리 폭이 다음 해에는 8.74밀리미터로 줄어들 것으로 예측했다. 먹이가 풍부하면 부리가 가늘고 작은 핀치들도 먹이를 먹을 수 있기 때문이다. 1987년 실제로 측정해보니 중간땅핀치의 부리 폭은 평균 8.74밀리미터였다.

그랜트 부부는 생물학계에 가장 널리 퍼져 있는 이론, 즉 '자연선택에 의한 진화'라는 이론이 실제로 작동한다는 것을 보여줬다. 다윈의 걱정과는 달리 자연선택의 작용은 드물지도 또 느리지도 않다는 것도 보여줬다.

갈라파고스가 태평양 가운데 떠 있는 섬이라면 지구는 우주에 떠 있는 작은 섬이다. 규모는 다르지만 모든 생명체는 결국 섬에 고립되어 있는 셈이다. 전 세계 어디에서든 생명을 관찰하고 채집하고 측정하는 일은 계속되고 있다. 이 작업은 전 세계 과학자의 협력망을 통해 이뤄지고 있다. 그래야 진화의 종합적인 모습을 알 수 있고 또 생명의 진화 방향을 예측할 수 있기 때문이다. 국제기구인 세계생물다양성정보기구(GBIF)가 컨트롤타워 역할을 하고 있고, 우리나라에도 한국사무국(KBIF)이 설립되어 정기적인 공동학술조사를 통해 국제협력망에 참여하고 있다.

KBIF는 2007년부터 우리나라 해안지대를 열 개 권역으로 나눠 생물상의 변화를 조사하고 있다. 매년 한 개의 권역을 조사하고 강산도 변한다는 10년이 지난 후 그 자리를 다시 찾아 그 사이에 생물들은 어떻게 변했는지 확인하는 것이다.

2017년 6월, KBIF는 여수 돌산도 일대를 10년 만에 다시 찾아 조사했다. 산천은 의구하되 인걸은 간 데 없다. 최근 3년 사이에 연구원의 절반이 바뀌었다. 상당수의 과학자들이 비정규직이었기 때문이다. 우리 과학자들도 그랜트 부부만큼이나 귀한 존재라는 사실을 잊지 말자.

걱정은 육지에 두고 와요

제주도는 하나의 섬이 아니다. 남쪽으로는 가파도와 마라도가 있고 서쪽으로는 비양도가 있으며 동쪽으로는 우도가 있다. 그렇다면 북쪽으로는? 언뜻 떠올리기 쉽지 않지만 제주도 북쪽에도 커다란 섬이 있다. 추자도가 바로 그것. 육지에서 본다면 추자도가 제주도의 시작점이다.

추자도 역시 한 개의 섬이 아니다. 다리로 서로 연결되어 있는 상추자도와 하추자도 그리고 횡간도와 추포도를 포함하는 4개의 유인도를 38개의 무인도가 점점이 둘러싸고 있어서 풍광이 마치 남해 바다의 다도해처럼 아름답다.

제주항이나 전라남도 해남 우수영에서 떠나는 배를 타면 추자도에 들어갈 수 있는데, 육지보다는 제주도와 조금 더 가깝다. 하지만 생활문화는 전라도에 가깝다. 음식은 확실히 젓갈이 많이 들어간 전라도 음식이다. 제주 사람도 추자도 음식이 맛있다고 한다. 추자도의 조기젓은 밥도둑이다. 지금은 한라산 소주를 마시지만 불과 몇 년 전까지만 해도 보해소주를 마시던 곳이다.

자연환경도 제주도와는 사뭇 다르다. 우선 돌이 다르다. 제주도의 현무암을 볼 수 없다. 담장은 주로 화강암으로 쌓았다. 면사무소 앞의 현무암 돌하르방이 어색해 보일 정도다. 남측에는 거대한 암벽 절벽이 있지만 주상절리는 아니다. 화산도가 아닌 것이다. 제주도에서 흔히 볼 수 있는 섬휘파람새와 두견이 많지만 흑비둘기와 슴새는 추자도에 속하는 무인도인 사수도에 가야만 볼 수 있다.

바다에는 돔도 많지만 제주와 달리 멸치와 학꽁치가 풍부하다. 돌조기라고 불리는 추자도 참조기가 특산물이다. 우리나라 조기의 3분의 1이 추자도에서 나온다. 여기에는 여러 가지 이유가 있다. 추자도는 서해와 남해가 만나는 곳에 있기 때문이다. 제주 해역을 거쳐서 오는 쿠로시오 난류의 지류인 쓰시마 난류의 영향을 받아서 겨울에도 바닷물의 온도가 많이 낮지 않다. 한류와 난류가 교차하는 곳이면서 물살이 빠르고 수심이 깊고 바닥이 암반층이라 물이 깨끗하다. 참조기가 산란장으로 선택하기에 딱인 것이다.

인구가 2,000명도 안 되는 추자도에서 무려 85여 명의 과학자가 활동하고 있다. 물론 여기에 사는 것은 아니고 4박 5일 동안 추자도의 생물다양성을 조사하기 위해 모인 사람들이다. 세계생물다양성정보기구의 한국사무국(KBIF)이 구축해둔 '국가생물다양성기관연합'에는 국립중앙과학관, 천연기념물센터, 한국생명공학연구원, 서울시립과학관 등 55개 주요 과학기관이 속해 있는데 이 가운데 25개 기관에서 곤충학자, 조류학자, 해양생물학자, 미생물학자, 생명종 데이터베이스 전문가와 지질학자를 보냈다.

KBIF는 백령도, 울릉도, 태안, 강화도, 여수, 경주, 제주 등 섬 또는 해안을 끼고 있는 지역을 중심으로 10년 주기로 생물다양성을 조사하고 있다. 이것은 생물다양성협약에 따른 국가적 의무사항을 이행하는 탐사 연구의 일환이다.

2018년 5월에는 제23차 탐사를 추자도 일대에서 실시했다. 추자도는 매년 5만 명의 관광객이 오는 명소이지만 생물다양성을 연구하는 과학자들에게는 쉽게 열리지 않았다. 추자도에서는 1985년과 2003년 이후로 무려 16년 동안이나 종합적인 생태조사가 이뤄지지 않았다. 여기에 대해 곤충학자로서 이번 학술조사 단장을 맡은 제주민속자연사박물관 정세호 관장은 "추자도는 바람이 허락해야 들어올 수 있는 섬인 까닭"이라고 말했다.

학술조사단이 섬에 도착하자마자 가장 먼저 한 일은 제주올레 18-1길 주변에 있는 식물을 동정한 것이다. 이것은 원래 예정에 없던 일이지만 추자면장의 강력한 요청에 따른 것이다. 1년에 5만 명의 관광객이 오지만 바다와 섬의 풍광에만 감탄할 뿐 섬에 살고 있는 다양한 식물과 동물에 대해서는 별 눈길을 주지 않는다는 것이다. 과학자들은 추자면장의 말에 동의했다. 앞으로 올레 18-1길 주변에는 나무와 꽃마다 명패가 붙을 것이다.

국립생태원 초대 원장을 지낸 생명다양성재단의 최재

천 교수는 "알면 사랑한다!"고 강조한다. 지금 우리 앞에 놓인 환경 위기를 극복하는 첫걸음은 앎에서 시작해야 한다는 말이다. 알면 사랑하게 되고, 사랑에 빠지면 표현하게 되는 게 자연이다.

2007년 경주·포항 권역 조사로 시작된 KBIF 공동학술조사는 해가 지날수록 팀워크가 좋아지고 고양된 분위기 속에서 높은 성과를 냈다. 그런데 어느 순간부터 분위기가 처지기 시작했다. 이유는 고용 불안이었다. 안정적인 지위를 보장받은 선배 과학자들과 달리 새로운 세대는 대개 비정규직이었다. 젊은 연구자들은 오래 버티지 못하고 기관을 옮겼고 팀워크는 지속되지 못했다. 2017년 여수 탐사 때도 마찬가지였다.

하지만 2018년 추자도 공동 학술조사단의 분위기는 사뭇 달랐다. 명랑해졌다. 걱정은 육지에 모두 두고 온 것 같았다. 분위기가 왜 바뀌었을까? 1년 사이에 비정규직이었던 연구원들이 정규직으로 전환되고 있기 때문이다.

추자도의 바람이 말했다. 비정규직의 정규직화는 노동자의 삶의 질뿐만 아니라 생태계의 생물다양성을 지키는 첫걸음이라고.

온전하게 살아남는 방법

내겐 은사님이라고 여기는 선생님이 한 분 계시다. 숭실고와 숭의여고에서 교편을 잡으셨고, 은퇴 후에는 고창으로 낙향하신 이길재 선생님이다. 정작 나는 선생님에게서 학교 수업을 받지 못했다. 그가 근무한 학교에 다녀본 적이 없기 때문이다. 고등학교 때는 내 주일학교 담임교사였고 대학 때부터는 종로5가의 명문 야학, 연동청소년학교의 동료 교사였다.

나는 선생님이 하는 것은 뭐든지 따라하고 싶었다. 원래 존경하면 그런 것 아니겠는가! 선생님과 같은 생각을 하려고 했고 그의 정치적인 입장에 서려고 했다. 그가 존경하는 분은 나도 따라서 존경했다. 야학에도 고유의 교과서가 필요하다는 말씀에 정말 멋진 교과서를 만들기도 했다. 여행 스타일도 닮아갔다. 하지만 끝끝내 따라하지 못한 게 하나 있다.

"아줌마, 파는 빼주세요!"

선생님은 파를 싫어하셨다. 식당에서 주문할 때마다 선생님은 항상 큰 소리로 말씀하셨다. 나야 그 모습마저 멋있게 보였지만 식당 안의 다른 사람들은 선생님을 쳐다보곤 했다. 나는 존경심이 부족했는지 차마 내 음식에서 파를 빼지는 못했다. 파가 있어야 맛있기 때문이다.

반대의 경우도 있었다. 철책에서 실습소대장으로 근무할 때다. 어느 날 대대장이 부르더니 뱀을 먹으라고 했다. 싫다고 했다. 대대장은 뱀이 정력에 얼마나 좋은지 설명했고 뱀을 잡아 껍질을 벗겨 먹을 수 있어야만 진정한 사나이라고 침을 튀기며 강조했다. 나는 끝까지 먹지 않았다. 대대장은 짜증을 냈다. 나도 (속으로!) 짜증이 났다.

먹기 싫은 것을 먹지 않는다고 해서 핀잔을 주는 것과 먹기 싫은 것을 억지로 먹이는 것은 둘 다 폭력이다. 선생님이 파를 드시지 않는다고 해서, 또 내가 뱀을 먹지 않는다고 해서 이 세상에 피해를 보는 사람은 아무도 없다. 파를 먹지 않는다고 사회가 혼란스러워진다든지 아파트 가격이 폭등하지는 않는다. 뱀을 먹지 않는다고 해서 안보 태세가 흔들리지도 않는다. 그런데 왜 안 먹냐고? 철학적인 이유는 없다. 그냥 싫다.

파와 뱀은 수준이 다르다. 파는 먹는 사람이 많지만 뱀은 안 먹는 사람이 훨씬 많다. 내가 뱀을 먹지 않는다고 짜증낸 사람은 그 대대장뿐이다. 그 외는 누구도 나를 비웃지 않았다. 그런데 내가 파를 먹지 않는다면 사회생활이 꽤 힘들었을 것이다. 이길재 선생님이야 모든 사람들이 존경하는 분이니 파 정도는 드시지 않아도 괜찮았지만 말이다.

남들이 대부분 먹는 것을 먹지 않는 사람도 사회적 소수자다. 소수자가 이 세상에서 온전하게 살아남는 방법은 한 가지다. 자신을 드러내고 뭉치는 것. 우리나라가 발전하고 있는 것은 분명하다. '오이를 싫어하는 사람들의 모임'이 있는 것을 보면 말이다. 오싫모라는 약칭으로 통하는 이 모임은 2017년 3월에 생겼는데 현재 팔로워가 11만 명이 넘는다.

오싫모 팔로워들은 다들 몇 번씩은 "다 큰 사람이 왜 오이를 안 먹어? 웬 편식이야!"라는 핀잔을 들어봤을 것이다. 핀잔받는 게 싫어서, 다른 사람이 이상하게 쳐다보는 게 싫어서 40년 동안 냉면집에 가보지 못했다는 팔로워도 있다. 김밥집과 초밥집도 마찬가지다. 상사의 눈치가 보여서 억지로 오이를 삼켜야 했던 이도 있다. 오싫모의 활약으로 이젠 냉면집에 따라서는 오이를 선택사항으로 주문받는 곳도 있다. 오이가 들어간 김밥과 안 들어간 김밥 두 가지를 메뉴로 내놓는 김밥집도 있다. 사회가 이렇게 받아주는 게 정상이다.

오이를 먹지 못하는 데는 이유가 있다. 오이에는 쿠쿠르비타신이라는 쓴맛을 내는 성분이 들어 있다. 보통 사람들은 이 쓴맛을 잘 느끼지 못한다. 그런데 7번 염색체에 있는 TAS2R38 유전자가 잘 발현되는 사람은 오이에서 쓴맛을 강하게 느낀다.

그런데 오싫모 회원들을 대상으로 오이를 싫어하는 이유를 묻는 설문조사에서 쓴맛과 생김새 때문이라고 대답한 사람은 18퍼센트에 불과했고 나머지 82퍼센트는 냄새 때문에 싫어한다고 응답했다. 오이에는 2,6-노나디엔올(2,6-NONADIENOL)이라는 알코올 성분이 들어 있다. 오이를 좋아하는 사람들은 이 알코올 냄새를 향긋하고 시원하게 느끼는데, 오이를 싫어하는 사람들은 이 알코올 냄새에 불쾌감을 느낀다. 분명히 어느 유전자에 차이가 있을 것이다.

초등학교 선생님들께 간곡히 부탁드린다. 급식에서 오이 남긴다고 야단치지 마시라. 안 먹는 게 아니라 못 먹는 거다. 이길재 선생님도 파를 안 드시는 게 아니라 못 드셨을 거다. 나는 파도 좋고 오이도 좋다. 뱀만 싫다.

이젠 걸을 수 있어요

멸치 아가씨와 오징어 총각이 사랑에 빠졌다. 오징어 총각 집안에서는 멸치 집안이 뼈대가 있는 집안이라며 결혼을 축하해주었다. 그런데 멸치 아가씨 집안에서는 결혼을 반대했다. 오징어 집안은 뼈대가 없는 집안이고, 뼈대가 없으면 지조가 없다는 게 반대의 이유였다. 한승원의 「뼈대 있는 집안, 뼈대 없는 집안」이라는 동화의 줄거리다.

우리는 오징어보다는 멸치에 가까운 존재다. 어류, 양서류, 파충류, 조류, 포유류로 나뉘는 척추동물은 모두 살 안에 뼈대가 있다. 우리가 쉽게 접하는 동물들이 대개 뼈대가 있는 동물이다보니 뼈대가 있는 게 당연한 것처럼 보이지만 실제로 뼈대가 있는 동물은 절대 소수다. 전체 동물의 3퍼센트에 불과하다. 우리는 동물계의 소수자인 것이다. 전체 동물 종수의 3분의 2를 차지하는 곤충도 당연히 뼈대가 없는 동물이다. 그런데 왜 소수자인 뼈대 있는 동물들이 세상을 지배하는 것처럼 보일까?

뼈대가 없는 동물들 가운데 상당수는 단단한 껍질 안에

살이 있다. 이것을 외골격이라고 한다. 게나 가재의 껍질을 생각하면 된다. 곤충도 게만큼은 아니지만 그래도 몸을 지탱할 수 있는 정도의 외골격을 가지고 있다. 뼈라기보다는 피부의 일종이다. 외부의 위험으로부터 몸을 다치지 않고 보호하는 데 유리하다.

하지만 외골격은 한번 형성되면 성장하거나 바꿀 수 없다. 몸을 키우려면 탈피를 해서 외골격을 바꿔야 하는데, 허물을 벗는 동안 외부 위험에 그대로 노출된다. 게다가 외골격 동물들은 굉장히 굼뜨고 크기에도 한계가 있다. 개미는 자기 무게의 여섯 배를 들어올릴 수 있고 벼룩은 자기 키의 100배 이상을 뛰어오를 수 있지만, 크기가 커지면 자기 몸을 지탱하지 못하고 스스로 무너지고 만다. 아무리 큰 곤충이라고 하더라도 손바닥 크기를 벗어나지 못하는 이유다.

뼈대 있는 동물들의 태곳적 조상이 살아남은 것은 기적이다. 어차피 모두 작은 동물이었다. 이때는 단단한 껍질이 있는 동물들이 절대적으로 유리했다. 뼈대 있는 동물의 장점은 크기가 커지고 나서야 드러났다. 뼈대는 근육으로 움직이는데 근육을 감싸고 있는 단단한 껍질이 없으니 발달할 여지가 충분하다. 서로 마디로 연결되는 외골격과 달리 근육과 힘줄로 연결되어 운동성이 뛰어나다. 게다가 촉각이 발달한 피부를 통해 세상으로부터 세밀한 정보를 얻을 수도 있다.

그런데 '인생도처유상수(人生到處有上手)'라고 하지 않던가. 외골격 동물로부터도 배우고 따라할 것이 많은 법이다. 요즘에는 무척추동물의 외골격을 본뜬 일종의 로봇 시스템인 동력식 외골격(powered exoskeleton)이 각광받고 있다. 몸에 걸치는 장비로 특수한 환경에서 착용자를 보호하고 강력한 힘을 발휘하게 한다.

항상 그렇듯이 시작은 군사적인 용도였다. 러시아의 라트니크-3와 미국의 탈로스 슈트가 대표적이다. 병사의 군장 무게를 줄이는 대신 외골격 장치를 착용하게 함으로써 힘을 더해줘서 많은 장비를 지탱하고 더 빨리, 더 오래, 더 강력하게 활동하도록 하겠다는 것이다.

중요한 과학과 기술이 군사적인 용도로 개발된다는 것은 슬픈 일이지만 대부분 일상의 문제를 해결하는 용도로도 개발된다는 사실을 우리는 잘 알고 있다. 신체장애자나 노인의 운동을 보조하는 장치로 개발된 일본의 할(HAL)은 걷고 싶다는 생각을 하면 다리가 움직이도록 돕는다. 한양대에서 개발하여 상용화를 앞두고 있는 헥사(HEXAR)는 근력을 10배 이상 증폭시켜주는 효과가 있다.

외골격 장치는 우리의 삶을 근본적으로 바꿔줄 것이다. 장애와 노화로 생긴 동작의 불편을 획기적으로 줄여줄 것이고 여성이 진출할 수 없던 노동의 장벽을 철폐할 것이다. 실제로 BMW 공장에서는 노동자들이 상체 외골격 장치를 장착하고 일을 한다. 이들은 자신의 의도대로 자유롭게 움직이지만 이때 필요한 힘은 자신의 근육이 아니라 외골격 장치에서 온다. 노동생산성은 높아지고 산업재해의 위험은 줄어든다.

뼈대 있는 동물인 사람이 스스로 뼈대 없는 동물을 따라하고 있는 셈이다. 이걸 가능하게 한 것은 물론 우리의 커다란 두뇌다. 그런데 정작 뇌를 지탱하고 있는 뼈대는 뇌 안에 없고 뇌 바깥에 있다. 적어도 뇌는 외골격 시스템을 갖추고 있던 셈이다.

차별받는다는 것

'베르사유'라는 지명을 들으면 자연스럽게 떠오르는 연관어가 몇 가지 있다. 첫 번째는 장미. 베르사유 궁전에 화려한 장미 꽃밭이 있어서가 아니다. 『베르사이유의 장미』라는 1970년대 초반에 나온 일본 만화책 때문이다. 한국에서도 제법 인기가 있었다. 2000년대에 KBS와 EBS에서 애니메이션으로 방영되어 많은 아이들의 사랑을 받았고, 이미 한참 전인 1980년대에 나온 해적판 만화책은 당시 대학생들 사이에서 널리 읽혔다.

그 이유는 두 번째 연관어 때문이다. 그것은 바로 혁명. 1980년대는 혁명의 시대였으며 『베르사이유의 장미』는 프랑스 혁명을 다룬 만화다. 기억나는 만화의 줄거리는 대략 이러하다.

주인공 오스칼은 어린 나이에 오스트리아에서 프랑스로 시집온 황태자비 마리 앙투아네트를 섬기는 근위대장이다. 그런데 마리 앙투아네트는 바람둥이이면서 사치벽도 심하다. 마치 요즘 TV의 막장 드라마를 보는 것 같다. 그래서 재밌다. 그런 와중인 1789년 7월 14일 파리 시민들이 바스티유 감옥을 습격함으로써 프랑스 혁명이 일어난다. 오합지졸 시민군이 정부군의 화력에 밀리는 것은 당연지사. 이때 오스칼은 시민들이 조직적으로 싸울 수 있도록 돕다가 총탄을 맞고 전사한다. 혁명의 불길은 베르사유 궁전으로 번지고 마침내 마리 앙투아네트는 단두대에서 처형된다.

만화로 혁명을 배운 한심한 놈이라고 비웃지 마시라. 나도 프랑스 혁명을 공부하기 위해 나름대로 노력했다. 먼저 종로서적 출판사에서 나온 문고판 『프랑스 혁명』을 열심히 읽었다. 그래도 프랑스 혁명이라는 그림을 그릴 수 없었다. 대학에서 강의도 들었다. 당시 연세대학교에서 가장 인기 있었던 김동길 교수의 '프랑스 혁명'이 그것이다. 그 강의는 어찌나 인기가 높았는지 강의실이 아니라 대강당을 가득 채운 채 진행되었다. 하지만 한 학기가 지난 다음에 기억나는 것은 마리 앙투아네트와 로베스피에르라는 두 사람의 이름뿐이다. 헐~. 대학교에서 들은 수업 가운데 최악이었다.

세 번째 연관어는 조약이다. 베르사유 조약. 그런데 이 조약은 베르사유 궁전 거울의 방에서 서명이 이루어졌을 뿐, 프랑스 혁명과는 아무런 상관도 없다. 우리나라에서 3·1운동이 일어나고 석 달쯤 지난 후인 1919년 6월 28일 11시 11분 독일제국과 연합국 사이에 맺은 평화조약이다. 조약은 제1차 세계대전 패전국인 독일을 제재하는 데에서 멈추지 않는다. 새로운 국제질서를 담았다. 조약은 제15편 440개 조항으로 이루어져 있다. 제1편은 국제연맹(국제연합의 전신)에 관한 것이고 제13편은 국제노동기구(ILO)와 관련 있다.

베르사유 조약의 제13편 2관 427조는 '동일 가치의 노동에 대해서 남녀에게 동일한 보수를 지급하는 원칙'을 제기한다. 동일노동 동일임금을 말하는 것이다. 이 원칙은 '고용 및 직업에서의 차별 철폐'를 ILO 회원국 모두의 의무로 규정하는 필라델피아 선언(1944년)으로 이어진다.

제1차 세계대전을 마무리하는 베르사유 조약에 의해 ILO가 창립되고 동일노동 동일임금이 그토록 강조된 이유는 무엇일까? ILO의 헌장 전문에서 그 이유를 찾을 수 있다. ILO는 '세계의 항구적 평화는 사회 정의를 바탕으로만 세워질 수 있다'고 명시하고 있다. 동일노동 동일임금 같은 근로조건이 세계 평화의 초석이라는 것이다.

ILO 헌장은 나중에 동물행동학자들에 의해 증명된다. 연구진은 꼬리감기원숭이들이 주어진 임무를 수행하면 상으로 오이를 줬다. 원숭이들은 고맙게 받아먹었다. 그러자 연구진은 똑같은 임무를 수행한 두 원숭이에게 각각 다른 보상을 했다. 한 원숭이에게는 오이를 주고 다른 원숭이에게는 포도를 준 것이다. 그러자 오이를 받은 원숭이가 오이를 집어던지면서 강력하게 항의했다. 침팬지 실험에서는 바나나를 받은 침팬지가 바나나를 받지 못한 침팬지를 위한 연대 투쟁을 벌였다. 동료가 바나나를 받을 때까지 자기 몫을 거부한 것이다. 동물들도 동일노동 동일임금을 요구하고 그게 받아들여지지 않으면 투쟁하고 연대한다. 그게 평화의 초석이기 때문이다. 동일노동 동일임금을 주창한 ILO는 1969년 노벨 평화상을 수상했다.

믿기 어렵지만 우리나라도 ILO 회원국이다. 그런데 우리나라는 ILO의 협약 189개 가운데 불과 29개 협약만 비준한 무늬만 회원국이다. 우리는 원숭이처럼 투쟁하고 침팬지처럼 연대해야 한다.

이장윤과 동백

1995년 11월 3일 금요일 저녁이었다. 지도교수님이 나를 급히 찾는다는 전갈을 받았다. 그는 학생이 찾아오는 것을 귀찮아할 정도로 바쁜 사람이었고 나는 아직 이렇다 할 실험 결과를 내지 못하고 있는 상황이었으니 그가 나를 급히 찾을 이유가 없었다. 걱정스러운 마음으로 교수실로 갔다. 항상 독일인 특유의 자신만만한 표정이던 교수님의 낯빛 역시 좋지 않았다.

"매우 유감이네."

그의 첫마디였다. '아, 내가 몹시 마음에 안 드시나보다. 또 무슨 꾸지람을 하실까?' 그는 내가 먼저 말을 꺼내기를 원하는 것 같았으나 나는 할 말이 없었다. 내가 멍하니 있자 그가 내 손을 잡으면서 말했다.

"자네, 아직도 모르는가보군. 한국인 음악가 이장윤이 죽었다네. 정말 유감이지. 우린 거장을 잃었어."

나는 한편으로는 안도하면서도 다른 한편으로는 혼란스러웠다. 도대체 이장윤이라는 음악가가 누구길래 독일인

교수가 저렇게 가슴 아파한단 말인가. 나는 교수님을 어떻게 위로해야 할지 몰랐다.

"죄송합니다, 교수님. 저는 이장윤이 누구인지 모릅니다."

교수님의 표정이 바뀌었다. '뭐, 이장윤을 모른다고! 이런 무식한 놈 같으니라고…'

그날 저녁 뉴스에 한국인 음악가 이장윤(Isang Yun)의 부고가 나왔다. 교수님이 말한 이장윤은 윤이상(1917~1995)이었던 것이다. 독일이니 당연히 성을 이름 뒤에 말한 것인데 이름이 흔한 성씨인 '이'로 시작해서 차마 그 생각을 하지 못했다. 또 독일어에서 모음 앞에 있는 's'는 'ㅅ' 대신 'ㅈ'으로 발음하니 이장윤이라는 소리를 듣고 윤이상을 떠올리기는 쉽지 않았다. 물론 나는 윤이상이라는 이름만 알았을 뿐 그의 음악을 들어본 적은 없었다. 아마 한국에서는 기회가 없었을 것이다.

1999년 북한 악단 '평양 윤이상 앙상블'이 독일 순회 공연을 가질 때 내가 살던 본에서도 공연을 했다. 공연장의 이름은 '브로트 파브리크(Brot Fabrik).' 예전에 빵 공장이었던 곳을 고쳐서 만든 작은 음악당이었다. 입장권은 유학생에게 지나치게 비싼 가격이었지만 나도 이장윤을 안다고 과시하기 위해 아내와 함께 갔다(정작 교수님은 오시지 않았다). 앙상블은 네 명으로 구성된 현악합주단이었다. 그들은 윤이상의 실내악 작품만 연주했다. 그때 비로소 처음으로 윤이상의 음악을 들었다. 제법 긴 연주회 동안 나는 끝까지 집중력을 잃지 않았다. 클래식 음악에 어떤 감수성이 있어서라기보다는 나를 힘들게 했던 이장윤의 음악이고 또 연주하는 사람들이 북한 음악가라는 사실에 살짝 흥분했기 때문이다.

끝 곡이었다. 연주자들은 마지막 활을 그은 다음에 마치 그 음을 쫓아가는 것 같은 표정으로 허공을 한참이나 응시했다. 물론 더 이상 고막을 진동시키는 음은 없었다. 하지만 작은 음악당은 시선으로 가득했다. 관객들도 그들의 시선을 따라 얼굴을 돌려 관객석 뒷면을 쳐다볼 정도였다. 한참 후에야 그들은 시선을 거두었다. 그때 나는 생각했다. '아, 이제야 윤이상이 지휘봉을 내렸구나' 하고 말이다.

내가 독일에 있을 때만 해도 주독일 한국대사관은 내가 살던 본에 있었고 이런저런 인연으로 대사관 직원들을 위한 자잘한 아르바이트를 하곤 했다. 어느 날 대사관 직원이 말했다.

"이 방이 동백림 사건 당사자들이 고문을 받은 방이야."

윤이상은 1963년 북한을 방문했다. 당시에는 이런저런 인연으로 북한을 방문했던지 방문과 연이 닿은 유학생, 지식인들이 제법 있었다. 1967년 중앙정보부는 유학생, 지식인들을 잡아서 서울로 송환했는데 그 전에 잠시 주독 대사관에 이들을 가뒀다는 게 대사관 직원의 전언이었다. 윤이상은 1969년 석방된 후 죽을 때까지 한국 땅을 밟지 못했다.

[2006년 국정원 진실위는 조사 결과, 동백림(동베를린) 사건은 6·8 부정선거를 규탄하는 시위가 확산되자 박정희 정권이 이를 무력화하기 위해 조작한 대규모 간첩 사건이라고 밝혔다—편집자 주]

여기까지가 윤이상과 관련된 내 이야기의 전부다. 한국에 귀국한 후에도 윤이상의 음악을 라디오나 음악당에서 들어본 적이 없고 심지어 그의 고향인 통영에 몇 차례 갔지만 기념관은커녕 윤이상을 기리는 어떠한 표시도 찾지 못했다. 지난 정부가 윤이상 국제음악콩쿠르에 대한 예산 지원을 2016년부터 끊었으며 주최 기관인 경상남도 역시 2017년 예산을 전액 삭감했다는 소식을 들은 게 전부다. 헐~ 2017년은 윤이상 탄생 100주년이 되는 해였다. 윤이상과 관련된 단체들이 문화계 블랙리스트에 올라가 있는 것은 당연한 일일 터.

같은 해 7월 문재인 대통령과 함께 독일을 방문한 김정숙 여사는 윤이상 선생의 묘소를 참배하면서 통영에서 가져간 동백나무 한 그루를 심었다.

"윤이상 선생이 생전 일본에서 배를 타고 통영 앞바다까지 오셨는데 정작 고향 땅을 밟지 못했다는 얘기를 듣고 저도 많이 울었습니다. 그분의 마음이 어땠을까, 무엇을 생각했을까 하면서 늘 먹먹했습니다. 저도 통영에 가면 동백나무꽃이 참 좋았는데, 그래서 조국 독립과 민주화를 염원하던 선생을 위해 고향의 동백이 어떨까 하는 생각에서 이번에 가져오게 됐습니다."

아름다운 말이다. 그나저나 교수님은 요즘도 이장윤의
음악을 좋아하시는지.

대통령과 범죄자

로널드 레이건(1911~2004)은 미국의 제40대 대통령이다. 그는 1981년부터 8년간 대통령으로 재임했다. 그에 대해서는 감정이 썩 좋지 않다. 특히 그가 1983년에 수립한 전략방위구상 때문이다. 적국의 핵미사일을 요격하겠다는 구상인데, 스타워즈 계획이라고도 불렸다. 그래서인지 그는 내게 〈스타워즈〉의 다스 베이더와 같은 존재였다.

친애하는 국민 여러분! 저는 최근에 제가 알츠하이머병에 걸린 수백만 국민 가운데 한 명이 되었다는 이야기를 들었습니다. 아내와 저는 이 사실을 저희의 개인적인 비밀로 할 것인가 아니면 여러 사람에게 알릴 것인가를 결정해야 했습니다. (…) 저희는 제가 알츠하이머병에 걸렸다는 사실을 여러분에게 알림으로써 이 병에 대한 보다 많은 관심이 유발되기를 진심으로 바랍니다. 이렇게 함으로써 이 병으로 고생하는 환자와 그 가족에 대한 이해를 높일 수 있을 것입니다.

1994년 11월 전직 미국 대통령 로널드 레이건이 국민에게 보낸 편지의 일부다. 뭔지는 잘 모르지만 심각한 병을 앓고 있는데, 부끄러움을 뒤로한 채 온 국민에게 알리면서 같은 질병을 앓고 있는 다른 환자와 그 가족들에게 연대를 표시하는 편지다. 다스 베이더가 연민과 존경의 대상이 된 건 한순간이었다.

그런데 잘 몰랐다. 뭔가 심각한 병을 앓고 있는 것 같은데 알츠하이머란 무엇인가? 해설 기사에서는 치매라고 했다. 치매는 또 무엇인가? 뭐든지 쉽게 설명하는 우리 엄마는 간단하게 표현했다.

"그 집 노인네 노망났대."

알츠하이머는 치매이고, 치매는 노망이라는 등식이 금방 성립되었다. 하지만 잘못된 등식이다. 쉽게 설명한다고 해서 그게 다 맞는 말은 아니다. 알츠하이머가 치매인 것은 충분조건이지만 치매가 알츠하이머인 것은 필요조건이다. 즉 알츠하이머는 치매의 부분 집합이다. 알츠하이머병은 치매의 가장 흔한 형태로 75퍼센트를 차지하며 치매에는 혈관성 치매와 루이소체 치매 등 여러 가지 형태가 있다.

알츠하이머병을 앓는 사람은 기억력과 학습능력이 떨어진다. 말하기와 운동능력도 떨어진다. 알츠하이머병은 베타 아밀로이드 단백질과 타우 단백질이 비정상적인 구조를 가지면서 발생한다는 게 일반적인 해석이지만 아직도 그 원인과 발생 기전은 논란거리다. 원인을 모르니 치료법 역시 확립된 게 없다. 알츠하이머병은 치료할 수 없는 퇴행성 뇌 질환이라서 환자는 다른 사람에게 점차 의존하게 된다. 가족의 부담이 클 수밖에 없는 것이다. 레이건은 편지에서 알츠하이머 환자와 그 가족에 대한 이해를 구했다. 단지 자신의 처지를 알리는 데 그치지 않고 다른 환자와 환자 가족에 대한 연대를 분명히 표시한 것이다. 전직 대통령으로서의 품격 있는 행동이다.

치매라는 말은 쓰기가 꺼려진다. 어리석을 치(癡), 어리석을 매(呆)를 쓰는 한자부터 마음에 들지 않는다. 어리석고 어리석다는 뜻이다. 치매 환자가 (애정 없는 사람에게는) 어리석게 보이는 말과 행동을 하기 때문일 것이다. 그런데 치(癡)에는 미치광이라는 뜻도 있고 '치한'과 '치태' 그리고 '치정 살인사건'처럼 안 좋은 말에 쓰인다. 아무리 봐도 치매는 모욕적인 단어다. 환자에게 쓸 말이 아니다. 지금이라도 이 단어를 버리고 다른 말을 만들어 써야 한다. 노망(老妄)은 말할 것도 없다.

2019년 1월 1일 연희동에 거주하는 이순자 씨는 한 보수언론과 인터뷰하면서 "(대한민국) 민주주의 아버지가 누구인가. 저는 우리 남편이라고 생각한다"고 주장했다. 어처구니가 없는 이야기다. 대한민국 민주주의에 대한 모독이다. 그의 남편이 누구인가? 군사 쿠데타로 정권을 잡고 광주에서 시민을 학살하고 집권 내내 폭정을 일삼았던 인물이다. 법원이 내린 판결을 무시하고 아직도 벌금과 추징금을 내지 않고 버티는 범죄자다. 지금도 사자 명예훼손 혐의로 받는 재판에 고의적으로 출석하지 않고 기피하다가 법원으로부터 구인장을 발부받은 자다.

이순자 씨는 자신의 남편이 치매를 앓고 있어서 재판에 정상적으로 참석하기 어려운 상황이라고 주장했다. 측근들도 그가 알츠하이머 치매를 앓고 있어서 방금 한 말도 기억 못한다고 주장하곤 했다. 설마 없는 알츠하이머병을 만들어내지는 않았을 것이다. 환자라면 치료해야 한다. 그 가족에게도 위로를 전하고 싶다. 하지만 이순자 씨가 알츠하이머병을 앓고 있는 것은 아니다. 자신의 남편 전두환 씨가 민주주의의 아버지라고 주장하는 것은 이해할 수도, 용납할 수도 없다.

레이건 대통령이 알츠하이머 환자들에 대한 연대를 이끌어냈는데, 전두환 씨와 그 가족은 알츠하이머 환자에 대한 혐오를 불러일으키려 하는 것은 아닌지 모르겠다. 아서라. 당신들은 노망이 들었는지 모르지만 우리 국민은 아직도 전두환 씨가 저지른 일을 생생하게 기억하고 있다. 이순자 씨의 망발에도 불구하고 알츠하이머병 환자와 그 가족에 대한 연대의 마음은 결코 줄어들지 않는다. 우리는 당신들보다 세다.

노력으로 되는 게 아니다

1953년은 이래저래 중요한 해다. 우선 한국전쟁이 긴 휴전에 들어간 해이다. 한반도에 살고 있는 사람들에게 이것보다 더 중요한 일이 또 뭐가 있겠는가. 왓슨과 크릭이 DNA 이중나선 구조를 밝혀서 현대 생명과학의 문을 연 해이기도 하다. 그리고 모든 지구인에게 의미가 있는 해이기도 한데, 바로 '잠'에 대한 과학 연구가 시작되었기 때문이다.

수면은 꿈을 꾸는 렘수면과 네 단계의 비(非)렘수면으로 구성되며, 사람뿐만 아니라 개와 고양이도 렘수면 동안에 꿈을 꾸면서 땅을 파헤치는 동작을 한다는 사실쯤은 대개 알고 있다.

그런데 우리는 왜 잠을 잘까? 여기에는 몇 가지 이론이 있다. 기억을 정리하는 과정이라는 주장도 있고 에너지 소비를 줄이기 위한 적응이라는 설도 있다. 물론 이것들도 잠의 역할일 것이다. 하지만 주요 기능이라고 하기에는 뭔가 부족하다. 잠의 역할이 고작 기억과 에너지 절약이라면, 기억력이 떨어지는 것쯤 감수하고 영양분을 더 섭취하면서 잠을 아끼는 게 생존에 더 유리할 테니 말이다.

게다가 잠을 자지 않는 동물은 없다. 고래 같은 해양 포유류는 잠이 들면 익사한다. 아가미가 없기 때문이다. 고래는 익사를 면하기 위해 양쪽 뇌가 번갈아 자는 방식을 택했다. 하루살이 수컷은 겨우 15시간 정도밖에 못 산다. 짝짓기하기에 한참 시간이 모자란다. 그래서 입도 없다. 먹기를 포기한 것이다. 이런 하루살이 수컷마저도 잠은 잔다. 잠은 어떤 선택 사항이 아니라 생존에 필수적인 요소라는 뜻이다.

왜 모든 동물은 잠을 잘까? 2013년 10월 과학 저널 〈사이언스〉지에 발표된 미국 로체스터 의과대학 연구진의 논문에 따르면 잠을 자지 못하면 뇌에 노폐물이 쌓여 탈이 나기 때문에 모든 동물은 잠을 잔다고 한다. 잠을 자면서 뇌에 쌓인 노폐물을 씻어낸다는 것이다. 이때 노폐물은 뇌에 저장된 온갖 잡스러운 기억과 정보를 은유적으로 표현한 것이 아니다. 실제로 물리적인 노폐물이 쌓인다. '아밀로이드 베타'라는 일종의 단백질이 바로 그것이다. 아밀로이드 베타는 (요즘 논란이 있기는 하지만) 알츠하이머병을 일으키는 물질로 매일 우리 뇌에 쌓인다. 그렇다면 잠은 아밀로이드 베타를 어떻게 청소할까?

이른 아침 도로가 깨끗한 이유는 물차가 물을 뿌려대며 도로를 치우기 때문이다. 뇌도 뇌척수액으로 아밀로이드 베타를 청소한다. 물차는 대낮에도 다닌다. 뇌도 다른 활동을 하면서 청소 활동도 하면 좋겠지만 그게 안 된다. 뇌가 활동하기 위해서는 엄청난 에너지가 필요하기 때문이다. 뇌는 중량은 체중의 2퍼센트에 불과하지만 에너지는 무려 20퍼센트나 사용하는 기관이다. 따라서 정상적인 뇌 활동을 하면서 청소를 병행할 수가 없다. 깨어 있을 때는 신경세포 사이의 틈새가 좁아서 뇌척수액이 깊이 침투하지 못한다. 그런데 깊은 잠이 들면 신경세포 사이의 틈새가 넓어져서 뇌척수액의 흐름이 증가한다. 이때 아밀로이드 베타가 씻겨나가는 것이다.

우리가 노력하면 잠을 자지 않고 견딜 수 있을까? 불가능하다. 뇌는 참지 않기 때문이다. 뇌는 피곤하면 스스로 스위치를 내린다. 그래야 뇌를 청소할 수 있기 때문이다. 잠은 바쁘다고 해서 건너뛸 수 있는 게 아니다. 노력으로 되는 게 아니다.

2017년 7월 9일 우리는 끔찍한 교통사고 장면을 동영상으로 목격했다. 버스에 들이받힌 승용차가 형체를 알아볼 수 없을 정도로 구겨지면서 그 안에 타고 있던 두 명이 목숨을 잃었다. 원인은 버스 운전기사의 졸음운전. 사고가 나자 모든 버스와 트럭에 자동긴급제동장치(AEB)를 의무화해야 한다는 여론이 다시 일었다. 맞다. 의무화해야 한다.

그런데 AEB보다 더 중요한 것이 있다. 사고를 낸 버스기사는 연일 12~16시간을 운전하고 4시간밖에 수면을 취하지 못했다. 이번 교통사고의 주범은 잠잘 틈을 주지 않는 노동환경이었다. 유럽에서는 운수 노동자가 하루에 8시간 이상 운전하는 것을 원천적으로 봉쇄하고 있다. 2시간마다 의

무적으로 20분간 휴식해야 한다. 운전대 안에 운행 기록이 자동적으로 기록되는 장치가 있어서 규정을 위반한 회사를 처벌한다. 당연히 비용이 증가한다. 한국 사회도 이제는 안전비용을 당연한 것으로 여겨야 한다.

올해로 정전 66주년이 되었다. 이제는 휴전에서 종전으로 가야 한다. 그래야 안전하다. 마찬가지로 노동자에게 잠을 보장하는 사회가 되어야 한다. 그래야 안전하다. 세월호가 따로 있는 게 아니다.

이름뿐만 아니라

나는 독일 사람, 프랑스 사람, 이탈리아 사람을 겉모습만으로 구분하지 못한다. 하지만 독일 친구들은 기가 막히게 구분해낸다. 우리에게도 그런 능력이 있다. 요즘은 꼭 그렇지도 않지만 10여 년 전만 해도 한국 사람, 일본 사람, 중국 사람을 겉모습만 보고 구분하는 게 어렵지 않았다. 이런 구분 능력은 세 나라 사람에게 모두 있다. 하지만 이것은 아시아 사람들의 이야기고 유럽인은 극동의 세 나라 사람을 겉모습으로 구분하지 못한다. 그들에게는 우리가 다 같은 사람으로 보인다.

하지만 유럽인들도 자기 아랫집에 사는 사람이 한국 사람인지, 일본 사람인지 확실히 구분하는 방법이 있으니 바로 부부의 이름이다. 남편과 아내의 성(姓)이 다르면 한국 사람이고 같으면 일본 사람이다. 여자가 결혼한 후에도 원래 성을 유지하는 나라는 별로 없다. 혹자는 혈통을 중시하는 유교문화 때문에 시집간 여성도 원래 집안 성을 유지하게 되었다고 하지만 유교문화의 본산인 중국 역시 공산당이 집권하기 전에는 부인 성 앞에 남편 성을 붙이는 관습이 있었던 것을 보면 딱히 그렇지도 않은 것 같다.

여성이 결혼 후 성을 바꾸는 게 무슨 대수냐고 생각할 수도 있다. 하지만 여성의 사회활동이 활발한 현대에는 간단한 문제가 아니다. 결혼 전에 많은 논문을 발표하고 명성을 쌓은 여성 과학자가 결혼하고 성을 바꾸면 신참 과학자 취급을 받게 된다. 그의 이름으로 발표된 이전의 논문이 검색되지 않기 때문이다. 결혼 후 다시 열심히 연구해서 명성을 쌓은 여성 과학자가 이혼하면 어떻게 될까? 많은 경우에 이혼한 남편의 성을 포기하지 못한다. 재혼할 경우 이전 남편의 성과 현재 남편의 성을 함께 쓰는 경우가 많다.

이름은 중요하다. 사람은 누구나 자기의 이름으로 불리기를 원한다. 이름 대신 번호를 부르는 교사에게 좋은 감정이 생기지 않았다. 교회 여학생이 나를 그냥 오빠라고 부르지 않고 정모 오빠라고 불러주면 행복했다. 복도에서 만난 학생의 이름을 불러만 줘도 좋은 교수님으로 통한다.

이름은 차별의 원인이 되기도 한다. 그래서 미국에 이민한 많은 외국인들이 평범한 미국식 이름을 쓴다. 일제강점기에도 그런 사람들이 있었다. 1910년 한일병탄 직후 일부 조선인들은 자신의 성명(姓名)을 자발적으로 일본식으로 고쳤다. 조선총독부는 이게 싫었다. 민족차별을 바탕으로 한 지배질서 유지에 방해가 되었기 때문이다. 1911년 아예 총독부령으로 조선인은 일본식 씨명으로 변경하지 못하게 하고,

이미 개명한 사람도 원래대로 되돌리게 했다.

정책은 정치 상황에 따라 변하는 법. 중일전쟁에 조선인을 자발적으로 동원하기 위해 내선일체(內鮮一體)를 표방했는데 이름이 다르니 별 효과가 없는 것이다. 또한 결혼을 해도 남편의 성을 따르지 않고 본래의 성을 유지하는 조선식 이름 제도가 황민화에 장애가 된다고 보았다. 1911년부터 1939년까지는 조선 사람이 일본식 이름을 갖는 것을 막던 일본이 1940년부터는 조선인이 일본식 씨명을 갖게 하는 창씨개명을 강요하게 되었다.

그날이 바로 1939년 11월 10일. 80년 전의 일이다. 조선총독부는 1940년 2월 11일부터 8월 10일까지 모든 조선인들은 씨를 새로 정해서[創氏] 제출토록 했다. 하지만 석 달이 지나도록 창씨 신고 가구가 8퍼센트에도 미치지 못했다. 그러자 강제했다. 이름을 바꾸지 않으면 입학이 거부되었고 취직도 되지 않았다. 식량 및 물자의 배급 대상에서도 제외되었다. 조선식 이름이 쓰여져 있는 화물은 취급하지 않았고 즉시 반송 처리되었다.

하지만 민중들이 이름을 쉽게 바꾸겠는가. 언제나 그렇지만 명망가들은 결정적인 순간에 배신한다. 조선의 유명 인사들이 나서서 독려하자 창씨 가구 비율이 80퍼센트까지 올랐다. 이름을 바꾸지 않은 명망가들도 많았다. 그렇다고 해서 그들이 창씨개명에 저항한 것은 아니다. 그들 가운데 상당수는 창씨개명이 강제적인 게 아니라는 것을 알리는 도구로 선택되었을 뿐이다. 방응모, 정미7적 가운데 하나인 이병무, 일본군 육군 중장을 지낸 홍사익이 대표적이다.

우리는 꽃과 새, 강 같은 자연뿐만 아니라 사람을 이름으로 기억한다. 결혼 후에도 여성이 자신의 원래 이름을 지키는 우리의 제도는 자랑스럽다. 다만 이 제도가 여성의 지위와는 아무런 상관이 없다는 것은 너무나도 안타까운 일이다. 여성이 이름뿐만 아니라 몸도 안전하게 지킬 수 있는 나라가 되어야 한다.

3 부

의
심

능
력

과학 울렁증

수능이 끝났다. 지진도 없었고 수능한파도 없었다. 다행이다. 모든 과정이 끝난 것은 아니지만 그래도 큰 고비를 넘긴 수험생들에게 수고했다는 격려를 보낸다. 성적이야 자기가 노력한 만큼 나올 거다. 가끔 가다가 요행으로 더 좋은 점수를 받을 수도 있다. 내가 그랬다. 반대의 경우도 있겠지만 대략 자기 실력대로 점수가 나온다. 자기가 얻은 점수를 얼른 납득하고 인정하는 것도 능력이다.

　학력고사 세대인 나는 한동안 수능 문제가 발표되면 문제를 풀어보곤 했다. "음, 내 실력이 아직 녹슬지 않았군!" 하면서 스스로 위안하는 효과가 있었다. 하지만 언제부터인가 수능 문제를 살펴보기 싫어졌다. 해가 갈수록 점수가 점점 떨어졌기 때문이다. 설마 내가 그 사이에 멍청해지기야 했겠는가. 아이들이 점점 더 많은 것을 알게 되었고 더 똑똑해진 게 분명하다. 솔직히 말하자. 내가 요즘 젊은이들을 상대할 수 있는 유일한 경쟁력은 먼저 태어났다는 것뿐이다. 수능까지 갈 것도 없다. 신입사원을 뽑기 위한 면접에만 가봐도 금방 알 수 있다. 심사위원들은 요즘 젊은이들과 경쟁해서 결코 이길 수 없다. 그저 먼저 태어났다는 이유만으로 그들을 심사하고 있을 뿐이다.

매년 수능이 끝나면 회자되는 문제가 있다. 출제가 잘못되었다는 주장이 대부분이다. 실제로 잘못된 문제는 거의 없다. 이번 수능에서는 국어 31번 문제가 화제다. 문제가 틀렸다는 게 아니라 터무니없이 어려웠다는 주장이다. 많은 수험생들이 힘들어했나보다. 많은 언론이 '이게 국어 문제냐? 과학 문제지!'라는 논조로 비판하는 기사를 실었다. 주변 사람들이 내 의견을 물어서 어쩔 수 없이 오랜만에 수능 문제를 살펴봤다.

만유인력에 관한 복잡한 '보기'와 지문을 주고 잘못 설명한 선택지(①~⑤)를 고르라는 문제였다. 결론부터 말하자면 세간의 비판과는 달리 31번은 과학 문제가 아니라 국어 문제가 맞다. 과학 문제에는 그렇게 길고 지루한 지문이 필요 없다. 사람들에게 가장 익숙한 물리법칙을 하나 대라고 하면 대개 $E=mc^2$이나 $F=ma$를 답한다. 이유는 간단하다. 길이가 짧아서 기억하기 쉽기 때문이다. 간단할수록 아름답다. 그게 물리학이다. 하지만 정작 법칙을 말로 설명하라고 하면 다들 어려워한다. 정말 어렵기 때문이다.

반대의 경우도 있다. "두 물체 사이의 거리의 제곱에 반비례하고 질량의 곱에 비례하는 힘은 무엇일까요?" 과학 강연에서 이렇게 물었다고 하자. 어떤 일이 벌어질까? 초등학교 고학년만 되어도 2초 안에 "만유인력의 법칙이오"라는 답이 쏟아져 나온다. 오히려 고등학생에게 물으면 주저한다. 혹시 무슨 함정이 있는 질문이 아닐까 하면서 의심을 하는 것이다. 같은 질문을 과학이 아닌 주제의 강연에서 성인에게 물어도 답은 금방 나온다. 만유인력의 법칙은 그만큼 익숙한 내용이다. 하지만 만유인력의 법칙을 공식으로 기억하는 사람은 그리 많지 않다. 조금 길기도 하거니와 분수도 포함되어 있기 때문이다.

31번 국어 문제는 일단 누구나 배운 바 있는 만유인력의 법칙을 소재로 삼았다. 문제에는 지문과 '보기'가 제시되었다. '질점'이나 '구 대칭을 이루는 구'처럼 낯선 용어도 나오지만 '보기'에 제시된 그림으로 충분히 이해할 수 있는 것이었다. 낯선 용어의 뜻을 알아채는 것도 국어 실력이다. 31번 문제는 지문에 대한 이해를 측정하는 문제다. 만유인력에 대한 사전지식이 없어도 된다. 심지어 '보기'를 읽지 않아도 된다. 지문을 이해하면 풀 수 있는 문제다.

재미있게도 31번 문제를 비판하는 뉴스와 신문 기사들은 '보기'와 선택지만을 보여줄 뿐 정작 지문은 보여주지 않았다. 지면의 제약이 없는 TV 뉴스마저 지문이 길다는 이유로 보여주지 않았다. 지문이 '보기'보다 훨씬 짧은데 말이다. 결국 31번 문제 비판자들은 문제의 의도를 파악하지 못했다는 걸 스스로 고백한 꼴이다. 왜 그랬을까? 과학 울렁증 때문이다. 과학을 다루는 내용만 나오면 멘붕에 빠지는 것이다.

나는 31번이 결코 좋은 문제라고 생각하지 않는다. 왜냐하면 내가 지문과 '보기'를 읽지 않고도 문제를 풀 수 있었기 때문이다. 정답은 ②번이다. ③번 아래로는 읽을 필요도 없다. ②번이 내가 알고 있는 물리 지식에 어긋났다. 만유인력에 대한 사전지식이 없어도 풀 수 있는 문제인 것까지는 좋은데, 만유인력에 대한 사전지식을 어느 정도 갖췄다는 이유만으로 남들은 긴 시간을 할애해서 풀어야 하는 문제를 순간적으로 해결할 수 있다면 좋은 국어 문제가 아니다. 차라리 '보기'를 제시하지 않았다면 오히려 더 좋았을 것이다.

국어 시험의 목적은 독해 능력을 평가하는 것이다. 당연히 문학 외에도 역사, 경제, 철학, 예술, 과학 등 모든 분야의 지문이 제시되어야 한다. 지문의 길이와 수준 그리고 질 역시 다양해야 한다. 그런 점에서 2018년도 수능 국어 31번 문제는 과학 문제가 아니라 국어 문제 맞다. 평소에 책을 많이 읽은 수험생이라면 충분히 풀 수 있는 문제다.

고마운 것들은 거저 얻을 수 없는 법

산업혁명 이후 인류 최고의 발명품이 뭐냐고 묻는다면 나는 자동차, 에어컨, 엘리베이터라고 대답하겠다. 그렇다. 나는 석유에 중독되어 있다. 하지만 어쩌겠는가. 정말 고마운 존재들이다. 이 가운데 자동차에게 특별히 감사한다. 자동차가 없었다면 우리의 세계는 정말 작았을 것이다.

현재 우리나라에 등록된 자동차 대수는 2,200만 대. 물론 그 많은 자동차가 동시에 움직이는 것은 아니다. 출퇴근 시간이 아니면 90퍼센트의 차량은 어딘가에 주차되어 있다. 승용차 한 대 주차하는 데 12제곱미터가 필요하니 모든 자동차를 세우려면 2억 6,400만 제곱미터를 써야 한다. 축구장 3만 6,000개 넓이다. 단지 차를 보관하는 게 아니라 잠시 세워두었다가 이용하려고 한다면 주차 면과 같은 면적의 통로가 더 필요하다. 그러니까 축구장 6~7만 개 면적의 땅을 주차하는 데 쓰는 셈이다. 역시 고마운 것들은 거저 얻을 수 없는 법이다.

자동차는 마법의 양탄자가 아니어서 밥을 먹어야 한다.

가솔린, 디젤, 부탄가스가 없으면 움직이지 않는다. 그래서 곳곳에 주유소와 가스 충전소가 있다. 간선도로가 발달하면서 주유소가 점차 줄어들고 있지만 아직도 1만 2,000곳이나 된다. 자동차 1,800대당 주유소 한 곳이 있는 셈이다. 인구 80명당 한 개씩 있는 식당이나 220명당 한 대 꼴인 택시에 비하면 아직도 할 만한 장사인 것 같다.

요즘엔 새로운 밥을 먹는 자동차들도 제법 보인다. 전기를 먹고 움직이는 자동차다. '전기자동차가 친환경 자동차'라는 믿음은 절반만 맞다. 전기자동차가 미세먼지와 질소산화물 같은 환경저해 물질과 온실가스인 이산화탄소를 배출하지 않는 것은 사실이지만, 전기자동차가 사용하는 전기를 생산하려면 어디에선가 발전기를 돌려야 하고 이때 미세먼지와 이산화탄소가 배출된다. 단지 배출 장소가 도시가 아니라는 차이가 있을 뿐이다.

그럼에도 불구하고 전기자동차는 도시환경 개선에 큰 도움이 된다. 그래서 전기자동차나 하이브리드 자동차 구입을 장려하기 위해 정부는 보조금을 지급한다. 소비자인 시민들의 입장도 비슷하다. 전기자동차 보급을 환영한다. 하지만 선뜻 구매에 나서지 못한다. 단지 가격만의 문제가 아니기 때문이다. 전기차를 충전하기가 아직은 쉽지 않다는 게 문제다.

일반 자동차는 그저 목적지로 가다가 필요하면 아무 때나 주유소에 들르면 되지만 전기차 이용자는 동선을 정할 때 충전소를 염두에 두어야 한다. 가솔린을 주유하는 데는 5분도 안 걸린다. 주유를 일로 생각하는 운전자는 아무도 없다. 그런데 전기자동차를 충전하려면 급속 충전은 20~30분, 완속 충전은 4~6시간이 걸린다. 충전은 일이 된다. 또 겨우 전기차 충전소를 찾아갔는데 다른 자동차가 충전 중이라면 낭패다. 오죽하면 실시간으로 사용이 가능한 충전소인지 아닌지를 알려주는 스마트폰 애플리케이션이 다 있겠는가.

불편은 누군가에게는 기회다. 대형마트와 전기차 생산자가 손을 잡았다. 대형마트는 부지를 무상으로 제공하고 자동차업체는 여기에 충전기를 설치한다. 대형마트의 입장에서는 전기차를 충전하느라 수십 분을 기다려야 하는 운전자를 자신의 고객으로 유치할 수 있고, 전기자동차 생산업체는 전기자동차 판매 기회를 늘릴 수 있으니 누이 좋고 매부 좋은 그림이다.

이걸로는 부족하다. 대형 아파트 단지나 공공건물 주차장에 일정 비율로 전기차를 위한 주차 면을 만들고 거기에 유료 충전기를 설치해야 한다. 시골 길에서도 충전할 수 있어야 한다. 우리나라 전봇대는 무려 900만 개. 이 가운데 3만 개만 골라서 전봇대 옆에 차를 세우고 충전할 수 있게 하자는 아이디어가 실현된다면 시민들은 전기차를 사는 데 크게 주저하지 않을 것이다.

환경부 전기자동차 충전소 홈페이지를 보면 "전기자동차를 충전하면 지구의 에너지가 충전됩니다"라는 문구가 적혀 있다. 전기자동차를 사랑하는 마음은 알겠는데 말도 안 되는 이야기는 하지 말자.

전기자동차 이후를 준비해야 한다. 운전자가 필요 없는 자율주행차가 일반화되면 주차장을 차지하고 있는 그 많은 자동차들은 필요 없어진다. 모두가 자동차를 가질 필요가 없는 것이다. 그러면 자동차를 생산하고 폐기할 때 사용하는 에너지와 자원의 낭비를 줄일 수 있고 땅도 아낄 수 있다.

우리만 잘하면 된다

사람이 흙을 밟지 않고 살 수 있을까? 있다! 현대 도시인들은 흙을 한번도 밟지 못하는 날이 더 많다. 도로에는 아스팔트가 깔려 있고 인도는 블록으로 덮여 있다. 심지어 학교 운동장조차 인조잔디와 우레탄 트랙이 깔려 있다. 신발에 흙을 묻히고 다니는 개구쟁이들을 본 게 언제인지 기억도 나지 않을 정도다.

농사짓기 가장 좋은 흙은 검은색이다. 유기물이 많다는 증거다. 검은색 흙은 비옥하다. 물론 예외는 있다. 제주도의 검은 흙에도 유기물이 많지만 화산회토와 결합하면서 유기물 자체의 역할을 하지 못한다. 우리나라 농토에는 검은색 흙보다는 붉은색 흙이 많다. 아예 단양(丹陽)이라는 도시가 있을 정도다. 붉은색을 띤다는 것은 철분이 많다는 뜻이다. 철분이 많다고 흙이 모두 붉은색이 되는 것은 아니다. 붉은색 흙도 배수가 잘되지 않으면 회색-녹색-청색으로 변한다. 논의 흙은 대부분 회색이다. 배수가 잘되지 않기 때문이다. 당연하다. 논이 배수가 잘되면 논으로 쓸 수가 없다.

강릉으로 여행 가면 으레 테라로사에 들르게 된다. 여기서 말하는 테라로사는 커피공장과 카페를 말한다. 커피가 맛있다. 테라로사 커피공장이 유명하다보니 테라로사를 무슨 커피 종류로 아는 사람도 있다. 테라로사는 이탈리아어다. 석회암이 풍화되면서 생긴 붉은(rossa) 흙(terra)이라는 뜻이다. 우리나라 국토의 상당 부분이 고생대 때는 바다 밑이었다. 그래서 탄산칼슘 성분이 풍부한 석회암이 많다. 석회암의 탄산칼슘 성분이 물에 녹아 나오고 철과 알루미늄이 흙 안에 남으면서 생긴 붉은 점토 지대를 테라로사라고 한다. 테라로사는 놀라울 정도로 배수가 잘된다. 이런 데서는 논농사를 지을 수 없다. 대신 포도와 커피 농사가 잘된다. 와인과 커피 산지로 유명한 곳 주변에는 석회동굴이 많고 시멘트 공장이나 대리석 산지가 있기 마련이다.

우리나라의 문경, 제천, 영월, 평창, 정선, 삼척, 명주, 강릉으로 이어지는 지역에는 5억 7천만 년 전~4억 4천만 년 전 사이에 형성된 고생대 캄브리아기와 오르도비스기의 석회암 지층이 대규모로 분포한다. 단양의 고수동굴, 영월의 고씨동굴, 울진의 성류굴이 모두 석회암 동굴이다.

강릉에 테라로사라는 카페가 있다면 영월에는 돌리네(Doline) 또는 우발레(Uvale)라는 카페가 있음직하다. (하지만 없다.) 석회암 지대에 물이 스며들기 위해서는 절리면이 있어야 한다. 절리의 교차점처럼 물이 침투하기 좋은 곳이 침식되어 움푹 패여 웅덩이가 된 땅을 돌리네라고 한다. 쉽게 말하면 함몰 구멍이다. 그리고 돌리네와 돌리네가 이어져서 생긴 좁고 긴 땅을 우발레라고 한다. 영월의 한반도면 신천리에는 시멘트 공장 너머에 돌리네가 있다.

돌리네, 우발레, 테라로사라는 말에서 우리는 어떤 공포를 느끼기는커녕 왠지 전원 풍경을 떠올린다. 그런데 이 지형들은 언젠가 한번은 갑자기 땅이 꺼지면서 형성되었다. 그때 위에 살던 동물들은 깊은 웅덩이에 빠져 숨졌든지 아니면 혼비백산했을 것이다. 돌리네를 영어로는 싱크홀(sinkhole)이라고 하고 우리말로는 '땅꺼짐'이라고 한다. 그렇다. 사람이 살지 않을 때 생긴 땅꺼짐은 돌리네이고 우리가 살고 있는데 생긴 땅꺼짐은 싱크홀이다.

싱크홀이 꼭 석회암 지대에서만 생기는 것은 아니다. 퇴적지층에서도 찾아볼 수 있다. 멕시코의 제비동굴은 지름 50미터, 깊이 376미터에 이르는 세계 최대의 수직 싱크홀이다. 베네수엘라에는 해발 2,000미터가 넘는 산 정상에서 깊이 350미터의 싱크홀을 볼 수 있다. 과테말라에서는 폭우가 화산재 퇴적층으로 스며들어 지층이 급격히 내려앉으면서 도심지에서 건물을 통째로 집어삼키는 대형 싱크홀이 발생했다.

도심지에서 싱크홀이 발생한다고 해서 무작정 두려워할 필요는 없다. 우리나라에서는 대부분 굴착공사를 할 때 지반이 침하하든지 상하수관에서 물이 새어나오면서 모래와 자갈이 내려앉아서 싱크홀이 발생한다. 즉 자연 재해가 아니라 인간의 실수로 일어나는 사건이라는 뜻이다. 인간의 잘못으로 생기는 일이라면 우리만 잘하면 된다. 지반과 지하수 특성을 고려해서 공사를 하면 된다.

테라로사와 돌리네는 석회암 지대에 빗물이 스며들어가 생긴 지형이다. 하지만 평소에 비를 맞아가며 단단하게 다져진 퇴적지층에 세워진 우리 도시에서는 땅꺼짐이 발생할 이유가 없다. 우리 도시의 흙에게 비를 허락하자. 개구쟁이들에게 맨땅을 밟을 기회를 주자. 흙을 밟을 수 있는 도시가 안전하다.

길은 온몸으로 헤매며 찾는 것

북위 37도 38분 32초, 동경 127도 4분 39초. 서울시립과학관의 좌표다. 어느 지점에서 수직 방향으로 터널을 뚫으면 지구 중심을 지나서 지구 반대쪽 지표면으로 연결된다. 그 지점을 대척점이라고 한다. 그렇다면 서울시립과학관의 대척점은 어딜까? 우루과이의 남쪽과 아르헨티나의 서쪽에 위치한 대서양이다.

대척점으로 이동하는 가장 빠른 방법은 지구 중심을 관통하는 수직 터널을 뚫는 거다. 터널의 길이는 1만 2,800킬로미터. 구멍 속으로 발만 내딛으면 중력의 힘에 의해 중심으로 빨려가고 그 힘으로 다시 대척점 표면에 이를 수 있다. 이론적으로 그렇다는 거다. 사람이 가장 깊게 판 구멍은 지구 지름의 1,000분의 1이 채 안 되는 12킬로미터에 불과하다. 그런데 대척점을 뚫는다 해도 우리에게는 별 소용이 없다. 우리나라의 대척점이 바다 한복판이기 때문이다. 우리나라만 그런 게 아니다. 지구 표면의 70퍼센트가 바다이니 웬만한 나라는 대척점이 바다에 있다.

지구 중심을 통과해서 대척점에 갈 수 없다면 지구 표면을 따라 이동해야 한다. 육로는 피곤하다. 구불구불하고 신호등도 많다. 해로는 험난하고 느리다. 가장 큰 문제는 사고가 잦다는 것이다. 하늘 길이 가장 안전하고 편하다. 비행기를 타고 가야 한다.

자, 이제 인천공항에서 아르헨티나의 부에노스아이레스 공항까지 날아가면 된다. 구글맵은 태평양을 가로지르고 남아메리카 대륙을 건너는 직선 항로를 알려준다. 항로 길이는 1만 9,433킬로미터. 문제는 어느 비행기도 한번에 이 거리를 비행할 수 없다는 것. (승객과 짐을 가득 싣고 갈 수 있는 최대 항속 거리는 1만 1,000킬로미터 정도다.) 따라서 어딘가에 들러서 기름을 채우고 정비를 받아야만 한다.

지도를 펼쳐놓고 보면 동쪽으로 날아서 북아메리카 대륙에 들른 후 남쪽으로 내려가면 될 것 같다. 그런데 인천-부에노스아이레스 항공편 가운데 고객에게 가장 높은 점수를 받은 항공사는 카타르항공, 루프트한자, 터키항공, 델타항공, KLM 순서다. 상위 다섯 개 항공사 가운데 네 개는 동쪽이 아니라 서쪽으로 날아가는 항로를 택했다. 어찌 된 일인가? 우리나라가 중심에 있는 세계지도를 보면 아르헨티나는 지도의 동쪽 끝에 있고, 서쪽 끄트머리는 아프리카 서안인데 말이다.

이럴 때 떠올리는 노래가 있다. "지구는 둥그니까 자꾸 걸어 나가면 온 세상 어린이들 다 만나고 오겠네." 물론 걷기만 해서는 다 만날 수 없다. 바다를 건너야 하기 때문이다. 이럴 수가! 지구가 둥글다니! 맙소사! 나도 지구가 둥글다는 게 믿겨지지 않지만 월식 때 생기는 지구 그림자나 아폴로 우주인들이 찍어놓은 사진을 보면 지구가 둥근 것은 분명한 사실이다. 따라서 인천에서 동쪽으로 날아가든 서쪽으로 날아가든 부에노스아이레스에 갈 수 있다.

그렇다면 인천에서 인도를 지나 아프리카를 넘어서 갈까? 그렇지 않다. 인천에서 미국 동부로 갈 때도 북태평양을 가로지르는 간단한 길을 놔두고 꼭 북극권을 통과해서 간다. 이유는 간단하다. 그게 더 지름길이기 때문이다. 인천에서 서쪽 항로로 부에노스아이레스를 갈 때도 마찬가지로 더 북위도 지방을 통해서 가야 한다. 그게 더 짧은 길이기 때문이다.

문재인 대통령이 인천에서 부에노스아이레스를 가는데 굳이 체코 프라하를 거쳐서 간 것에 대해 의심을 품는 옛 정치인이 있다.

[2018년 12월 3일 홍준표 전 대표는 "북은 정상회담을 공짜로 한 일이 없었다"면서 문재인 대통령이 "(김정은 위원장의 숙부인) 김평일이 대사로 있는 체코는 왜 갔을까요? 급유 목적으로 갔다는데 그건 정반대로 간 비행노선이 아닌가요?"라며 의문을 제기했다―편집자 주]

간단한 산수를 해보자. 인천-프라하 구간 8,238킬로미터와 프라하-부에노스아이레스 구간 1만 1,805킬로미터를 더하면 2만 43킬로미터. 비행 자체가 불가능한 인천-부에노스아이레스 직항 구간 1만 9,433킬로미터보다 불과 610킬로미터 더 길다. 비행 시간으로 치면 40분쯤 더 걸릴 뿐이다.

　이 모든 오해가 지도 때문에 생겼다. 3차원의 지구를 2차원의 평면에 표현하는 완벽한 지도란 애당초 불가능하다. 지도는 방향, 거리, 각도, 면적을 알려준다. 그런데 네 가지 가운데 하나를 정확하게 표현하려면 나머지 세 가지의 정확성은 포기해야 한다. 네덜란드의 지도학자 메르카토르(1512~1594)는 각도를 선택했다. 항해사에게는 각도가 제일 중요하기 때문이다. 1569년 메르카토르는 적도를 따라 종이를 감싸는 방식으로 지도를 만들었다. 이 지도에서는 세로줄인 경선의 간격은 일정하지만 가로 줄인 위선의 간격은 위도가 높아질수록 넓어진다.

　우리는 항해사가 아니지만 대부분 메르카토르 도법의 지도를 벽에 걸어놓고 있다. 이 도법으로 그려진 지도에는 아프리카 대륙과 북아메리카 대륙이 비슷한 크기로 그려져 있다. 하지만 실제로는 많이 다르다. 아프리카에는 러시아를 제외한 유럽, 인도, 중국, 미국, 일본이 모두 다 들어가고도 남는다. 메르카토르 도법의 지도에서 적도 지방은 실제보다 작게 표현되고 고위도 지방은 실제보다 크게 표현되기 때문이다.

　완벽한 지도란 없다. 따라서 지도에서 완벽한 행로를 찾는 것은 불가능하다. 길은 온몸으로 헤매며 찾는 것이다. 남북 평화의 여정도 마찬가지다. 간단하지 않은 길이다. 몸으로 실천하며 열어야 한다. 그를 신뢰한다.

미래에서 온 편지

『뒤를 돌아보면서: 2000~1887』이라는 소설이 있다. 미국 문학가 에드워드 벨러미(1850~1898)의 1888년 작품이다. 그는 당대 자유방임적 자본주의 사회의 모순을 해결하기 위한 대안으로서 미래의 이상적 사회주의 사회를 구체적으로 묘사했다. 사회주의가 몰락한 후에도 이 책이 여전히 미국 대학생들의 필독서 가운데 하나인 데는 미래인의 입을 빌려서 현실 사회를 비판하는 기발한 기법이 한몫했다.

미국 탈탄소연구소의 리처드 하인버그는 벨러미의 기법을 도입해서 『미래에서 온 편지』라는 책을 썼다. '미래에서 온 편지'는 수백 년 뒤에서 온 편지가 아니다. 2107년도를 살고 있는 백 살 노인이 2007년의 사람들에게 보내는 원망과 경고의 메시지다. (2007년에 태어난 대부분의 한국 어린이들은 2107년에도 여전히 숨 쉬고 있을 것이다.) 2107년은 자원을 둘러싼 전쟁으로 많은 생명이 희생되고, 인터넷이 없어 정보 공유가 거의 불가능하고, 농사지을 종자와 물이 부족하고, 곳곳에 쓰레기더미가 넘쳐나고, 세대간 갈등이 극에 달한 시대다. 백 살 노인은 자신의 편지로 인해 2007년 이후의 역사가 바뀌고 그래서 이 편지가 역사상 가장 기괴한 유서이자 쓸모없는 기록이 되길 염원하며 편지를 끝맺는다.

미래에서 온 편지는 쓸모없는 기록이 되어야만 가치가 발휘되는 문서다. 그러나 어쩌겠는가? 이것을 너무도 잘 아는 나도 자동차, 에어컨, 엘리베이터를 사랑하는데 말이다. 그렇다. 우리는 석유에 중독되었다. 중독은 병이다. 병은 치료해야 한다.

호모 사피엔스가 어떤 동물인가? 다른 동물과는 달리 불을 무서워하기는커녕 산불을 이용하고 심지어 없는 불도 만들어 사용한 존재 아닌가. 환경에 적응하는 대신 환경을 변화시키는 능력을 발휘하여 농사혁명을 일으킨 존재 아닌가. 자연에서는 절대로 타지 않는 우라늄에서 어마어마한 에너지를 생산해내는 존재 아닌가. 우리가 바로 프로메테우스다. 이렇게 자부심을 가지려고 노력해봐야 소용없다. 미래에서 온 편지는 바로 그 프로메테우스에게 보낸 거니까.

프로메테우스의 자부심 대신 인간의 겸손함을 품은 사람들이 생겼다. 원래 자연에 있는 에너지를 사용하려고 시도하는 거다. 광합성을 하는 식물처럼 햇빛의 에너지로 전기를 만들고, 파충류처럼 햇볕으로 물을 데워 사용한다. 바람의 힘과 시냇물의 힘으로 곡식을 빻던 선조의 지혜를 본받아서 바람개비와 물레를 돌려 전기를 얻는다. 우리는 점점 겸손해져서 땅에서 에너지를 얻으려고 한다. 지열을 이용하는 것도 그 가운데 하나다.

　19세기 과학자들은 '전류가 흐를 때 그 주위에 자기장이 생긴다면 자기장을 변화시켜 도선에 전류가 흐르게 할 수 없을까?'라는 의문을 품었다. 영국의 물리학자 패러데이(1791~1867)는 도선 주변에 자기장의 변화가 생기면 전류가 발생한다는 '전자기 유도 현상'을 발견했다. 전동칫솔과 휴대전화 무선충전이 바로 이 전자기 유도 현상을 이용한 것이다.

　지구는 하나의 자석이다. 지구는 내핵-외핵-맨틀-지각으로 구성되는데 내핵과 외핵에는 자성을 띠는 철이 많이 들어 있다. 그런데 외핵은 액체 상태여서 서서히 흐른다. 그 결과 외핵이 마치 발전기처럼 작용하여 자기를 발생시키는 것이다. 그렇다면 지구 자기장을 이용해서 전기를 만들 수 있지 않을까? 2016년 미국 물리학회가 발행하는 〈피지컬 리뷰 어플라이드〉에는 간단한 장비를 이용하여 지구 자기장에서 약한 전류를 얻는 데 성공했다는 논문이 실렸다.

　겸손해진 사람이 다시 프로메테우스로 돌변하는 건 순식간이다. 최근 인터넷에는 '외부 에너지원 없이 오직 지구 자기장만을 증폭하여 전기를 만드는 장치'에 관한 기사가 떠돌았다. 이 장치는 입력된 전기를 100배 증폭해 그 가운데 1은 다시 순환해 사용하고 나머지 99의 잉여 전기는 필요한 곳에 사용하게 한다. '지구공'이라는 상품명이 붙은 이 장치가 보급된다면 각 가정과 공장, 그리고 KTX는 전기요금을 걱정할 필요가 없다. 노벨 물리학상은 물론 경제학상과 평화

상까지 거머쥐어야 마땅한 기술이다.

하지만 이 기술은 100퍼센트 뻥이다. 자기장에서 전기를 얻을 수는 있겠지만 1이라는 에너지를 100으로 증폭할 수는 없다. 에너지 보존 법칙에 어긋난다. 영구기관과 무한동력에 대한 꿈은 버려라. 우물에는 숭늉이 없다. 숭늉 만드는 우물에 돈을 투자하는 사람은 그냥 바보다. 나중에 그 누구도 원망해서는 안 된다. 그런 기사를 실어주는 언론사는 책임을 져야 한다.

'미래에서 온 편지'는 '화석연료에 중독된 인류에게 보낸 경고'다. 굳이 2107년에 깨달을 일이 아니다. 2019년의 지구인들도 이미 알고 있다. 두바이의 통치자였던 셰이크 라시드 빈 사이드 알 막툼(1912~1990)은 유명한 말을 남겼다.

"나의 할아버지는 낙타를 탔다. 나의 아버지도 낙타를 탔다. 나는 메르세데스를 탄다. 내 아들은 랜드로버를 탄다. 그의 아들도 랜드로버를 탈 것이다. 그러나 그 아들의 아들은 다시 낙타를 타게 될 것이다."

지구 자기장으로 엄청난 전기를 얻겠다는 생각은 버려라. 우리는 프로메테우스가 아니다.

민폐와 특수상대성이론

사람은 가만히 보면 참 딱한 동물이다. 사자처럼 강한 턱과 이빨이 있는 것도 아니고, 독수리의 날카로운 부리나 발톱도 없다. 하마나 코끼리처럼 덩치가 크지도 않고 곰처럼 몸을 따뜻하게 해주는 털가죽도 없다. 게다가 느려터졌다. 하지만 사람은 결코 만만한 동물이 아니다. 시각, 청각, 후각, 촉각, 미각 같은 감각이 골고루 뛰어난 거의 유일한 동물이다. 뛰어난 감각은 생존에 유리하다. 덕분에 우리는 보잘것없는 육체에도 불구하고 지구의 지배자 구실을 하고 있다.

하지만 최첨단 기술을 사용하는 현대인은 뛰어난 감각 때문에 자주 성가신 상황에 놓이게 된다. 무엇보다 전화기로 지구 반대편과 실시간으로 통화할 수 있는데 우리의 청력은 너무 좋아 탈이다. 나는 꽤나 무던한 사람임에도 불구하고 버스, 전철, 기차 같은 대중교통수단을 이용할 때마다 괴롭다. 소음 때문이다. 많은 사람들이 왁자지껄 대화하는 무궁화호 열차보다 대부분의 승객이 침묵하고 있는 KTX 열차가 더 힘들다. 전화 통화 내용이 고스란히 들리기 때문이다. 짜증을 견디지 못하고 페이스북에 "KTX OOO 열차 9번 칸 10D 좌석 아저씨 때문에 피곤해 죽겠다"란 글을 올리곤 한다.

그런데 가만히 생각해보면 달리는 기차 속에서 전화 통화가 가능하다는 게 상식을 뛰어넘는 일이다. 예의범절을 따지는 게 아니다. 물리학적으로 불가능할 것 같다는 말이다. 말을 주고받는 대화를 공을 주고받는 게임으로 바꿔서 생각해보자.

10미터 떨어진 사람에게 초속 10미터의 속력으로 공을 던지면 1초면 도달한다. 이번에는 초속 10미터로 상대방을 향해 움직이는 트럭 위에서 같은 속력으로 공을 던지면 어떻게 될까? 공의 속력은 트럭의 속력과 합쳐져서 초속 20미터가 되고 상대방에게 0.5초면 도달한다. 같은 속력으로 상대방으로부터 멀어지는 트럭에서 공을 던졌다면 공은 영원히 상대방에게 도달하지 못한다. 공의 속력은 10-10=0이 되기 때문이다.

공을 전화 통화로 바꿔보자. 두 사람 가운데 한 사람만 움직이고 있어도 정상적인 대화를 하지 못하게 된다. 전파가 빨리 도착하기도 하고 전파가 영원히 도착하지 않을 수도 있기 때문이다. 그런데 그런 일은 결코 벌어지지 않는다. 지금 이 순간에도 무수히 많은 사람들이 KTX 열차 안에서 전화 통화를 하고 있다. 어떻게 달리는 기차에서 전화 통화가 가능할까?

빛은 우주에서 가장 빠른 존재이기 때문이다. 빛은 1초에 지구를 일곱 바퀴 반을 돌 수 있고, 1.2초면 달에 도착하며, 8분 20초면 태양에 도착한다. 대략 5시간이면 명왕성에도 도달한다. 빛은 정말 빠르다. 인간은 뭐든지 재고 싶어 한다. 고대 그리스 철학자들도 빛의 속도를 측정하고 싶은 욕망에 빠졌다. 17세기부터는 제법 똑똑한 측정 방법이 제시되더니 20세기 중반 이후에는 빛의 속력을 꽤 정확하게 측정하는 실험이 생겨났다. 마침내 우리는 빛의 속도가 초속 2억 9,979만 2,458미터라고 100퍼센트 정확히 알게 되었다.

100퍼센트 정확도라니…. 어떻게 측정했기에 정확하다고 단언할 수 있을까? 또 어떻게 빛의 속력이 소수점도 없이 정수일까? 이유는 간단하다. 우리가 알고 있는 빛의 속도는 측정한 값이 아니라 우리가 정한 값이기 때문이다. 1983년 국제도량형총회(CGPM)는 빛이 진공에서 2억 9,979만 2,458분의 1초 동안 움직인 거리를 1미터라고 정의했다. 이정의에 따르면 빛은 진공 속에서 1초 동안 2억 9,979만 2,458 미터를 움직일 수밖에 없다. 빛의 속력을 간단히 c라고 하자.

빛의 속력은 언제나 일정하다. 왜? 가장 빠른 존재이기때문이다. 원래 가장 빨랐던 것이 더 빨라질 수는 없는 것이다. 시속 300킬로미터로 달리는 기차에서 쏜 광선이라고 해서 빛의 속도에 기차의 속력을 더해서 'c + 300'이 되지는 않는다. 빛은 가장 빠른 존재라서 그 속력은 언제나 일정하다. 이게 바로 아인슈타인의 특수상대성이론이 말하는 것이다.

아인슈타인의 특수상대성이론에서 우리의 불행이 시

작되었다. KTX가 얼마나 빨리 달리든, 어느 방향으로 달리든 전파의 속력은 달라지지 않고 휴대폰 통화는 가능하다. 하여 우리는 KTX에서도 성가신 통화 내용을 다 들어야 한다. 방법은 하나다. KTX 안내 방송에 따라서 통화는 객실 바깥에서 하면 된다. 기억하자. 빛의 속도는 초속 2억 9,979만 2,458미터로 일정하다.

공포의 대가

글루(glue)는 '접착제' 또는 '풀'이라는 뜻의 영어다. 누구나 쉽게 직관적으로 이해하는 단어이다보니 과학에서도 많이 가져다 쓴다. 글루온(gluon)이 대표적이다. 글루온은 쿼크끼리 결합시키는 입자다. 즉 쿼크와 쿼크를 이어주는 풀이라는 뜻이다. 입자인데 질량이 제로(0)다. 질량이 없다고 우습게 보면 안 된다. 글루온이 없다면 원자핵도 없다. 이 세상에 아무런 원소도 없는 것이다. 우주는 텅 빈 공간에 불과하게 된다.

글루온이 아무리 중요한 입자라고 해봐야 아는 사람은 별로 없다. 대신 글루텐(gluten)이 유명하다. "저희는 글루텐이 들어 있지 않은 다양한 제품을 판매합니다." 인터넷 사전에서 글루텐이 들어 있는 예문을 검색할 때 나오는 첫 번째 문장이다. 이 문장만 보면 글루텐은 뭔가 가까이해서는 안 되는 큰일 날 물질 같다. 하지만 우리는 글루텐을 피할 수 없다. 왜냐하면 글루텐은 보리와 밀 같은 곡류에 들어 있는 단백질이기 때문이다.

글루텐은 밀가루 특유의 쫄깃하고 찰진 식감을 만들어

준다. 쫄깃한 떡볶이와 긴 국수는 글루텐 덕분에 가능한 식품이다. 글루텐은 고마운 존재다. 하지만 배가 아파서 친구 약사에게 찾아가면 내게 글루텐을 피하라고 한다. 내가 살이 찌고 피부에 트러블이 생기는 것도 모두 글루텐 때문이라고 한다.

내가 소화 장애를 일으키는 게 정말로 글루텐 때문일까? 실제로 글루텐 단백질을 처리할 수 있는 효소가 없어서 생기는 병이 있기는 하다. 셀리악병이 바로 그것. 이 병을 앓는 사람은 평생 글루텐을 섭취하면 안 된다. 조금만 먹어도 대단히 위험해진다. 그런데 나는 평생 글루텐을 섭취해왔고 아직 심각한 위험 상태에 빠진 적이 없다. 적어도 나는 셀리악병 환자는 아닌 셈이다. 독일 사람 가운데에는 무려 1퍼센트나 있지만 대한민국에서는 셀리악병 진단 사례가 거의 없다. 독일에서는 글루텐에 대한 히스테리가 심하다. 글루텐을 먹지 말아야 하는 사람보다 열 배나 많은 사람들이 글루텐 프리 제품만 먹고 있다.

밀가루 음식을 좋아하는 사람은 상대적으로 비만에 빠질 가능성이 크지만 그것은 글루텐 때문이 아니다. 쌀과 감자는 그냥 쪄서 먹지만 밀가루는 설탕과 버터를 잔뜩 넣어서 도넛, 쿠키, 케이크를 만들어 먹기 때문이다.

내가 탄수화물 중독이라는 것은 인정하지만 그렇다고 해서 쌀밥은 되는데 밀가루 음식은 피해야 한다는 것은 말이 안 된다. 내가 이렇게 이야기하면 글루텐 때문에 탄수화물에 중독되는 것이라고 강변하는 분들이 있다. 글루텐이 위에 들어가면 위산에 있는 펩신 효소로 소화되면서 '몸 바깥에서(exo) 만들어진 모르핀(morphine)'이란 뜻의 엑소르핀(exorphine)이라는 물질로 변한다. 그런데 엑소르핀이 모르핀과 화학구조가 비슷해서 중독성을 유발한다는 주장이다. 정말 그럴까? 어떤 성분이 있느냐가 아니라 얼마나 들어 있느냐가 중요하다. 밀가루 500그램을 먹으면 혈액 속에 엑소르핀이 0.7밀리그램 정도 들어갈 수 있다. 중독을 유발할 수 있는 양이 아니다.

엑소르핀은 비단 밀가루의 글루텐뿐만 아니라 우유의 카제인, 계란 흰자의 알부민, 혈액 속의 알부민과 헤모글로빈에서도 만들어질 수 있다. 글루텐이 위장에서 마약으로 바뀐다면 우유, 계란 흰자, 그리고 선짓국도 탄수화물 중독을 일으켜야 한다. 하지만 그런 주장은 없다.

글루텐에 대한 공포 또는 혐오의 결과는 두 가지다. 공포와 혐오에 빠진 사람들의 경제적 손실 그리고 공포와 혐오를 유발한 사람들의 경제적 이득. 글루텐 프리 제품은 비싸다. 아이들에게 건강식품을 먹이고 싶은 사람은 필요 없이 과도한 경제적 지출을 해야 하고 덕분에 돈을 버는 사람들은 따로 있다.

노벨 경제학상을 수상한 심리학자 대니얼 카너먼에 따르면 사람들은 이성적으로 행동하지 않고 개연성에 따라 결정하지 않는다고 한다. 수익을 내고 있는 상황에서는 대부분 안전한 선택을 선호하고 반대로 손실이 발생하고 있을 때는 좀 더 위험한 대안을 선택한다. 잘못하면 모든 것을 잃게 되는 상황에서도 말이다.

고혈압 약 원료로 발암 가능 물질이 사용되었을지도 모른다는 보도가 나오자 고혈압 약 복용을 즉시 멈춘 사람이 많았다. 그 안에 발암 물질이 얼마나 들어 있고 어떤 영향을 끼칠지는 확실하지 않지만 고혈압 약 복용을 중단하면 어떤 일이 생길지 빤한데도 말이다.

공포와 혐오가 마구잡이로 퍼지면 우리는 그 공포와 혐오의 지배 속으로 들어간다. 쓸데없는 공포와 혐오의 혐의를 벗겨주는 것이야말로 정부와 언론, 그리고 전문가가 할 일이다.

라돈과 음이온

노벨상으로 따지면 최고의 과학자는 마리 퀴리(1867~1934)다. 그녀는 노벨 물리학상과 화학상을 모두 받은 유일한 사람이다. 하지만 두 번의 노벨상의 대가는 퀴리의 목숨이었다.

1898년 마리 퀴리, 피에르 퀴리 부부는 역청우라늄광석에서 새로운 방사선 원소를 발견하고 라듐이라는 이름을 붙였다. 라듐을 원소 형태로 보여주기 위해 퀴리 부부는 4년에 걸쳐 무려 8톤의 광석을 처리해야 했다. 거기서 얻은 순수한 염화라듐은 겨우 0.1그램. 이 공로로 퀴리 부부는 1903년 노벨 물리학상을 받았다. 1906년 피에르가 마차 사고로 죽은 후에도 마리 퀴리는 연구를 계속했고 마침내 1910년 염화라듐을 전기분해해 금속 라듐을 얻는 데 성공했다. 그리고 1911년 노벨 화학상을 받았다. 이때 그녀는 겨우 마흔네 살이었다.

사람들은 노벨상을 두 개나 안겨준 금속이 내뿜는, 방사선이라는 새로운 에너지에 열광했다. 뭐든지 라듐이 들어가면 인기리에 팔렸다. 라듐 생수, 라듐 치약, 심지어 라듐 초콜릿도 있었다. 라듐은 신비로운 물질이었다. 우라늄보다 200배나 강력한 방사성 에너지가 샘솟았다. 휴대용 엑스레이 장비는 물론이고 정신과 치료에도 쓰였다. 또 라듐이 들어 있는 페인트는 밝은 빛을 냈다. 라듐 페인트로 시계의 시침과 숫자판을 칠한 야광시계가 날개 돋친 듯 팔렸다.

하지만 라듐의 인기에도 끝이 있었다. 시침과 숫자판을 그리던 노동자들은 칠을 하면서 붓 끝이 갈라지면 침으로 붓털을 가지런히 모으곤 했다. 어느 날부터인가 노동자들의 치아가 빠지고 잇몸이 무너지고 턱뼈가 부서지는 일이 발생했다. 또 라듐 페인트로 영화관 간판을 그리던 노동자들도 죽어나갔다. 이로써 죽음의 에너지가 나오는 라듐의 위험성이 널리 알려지게 됐다.

마리 퀴리라고 해서 라듐의 방사선을 피할 수는 없었다. 서른한 살에 라듐 연구를 시작한 마리 퀴리는 골수암, 백혈병, 재생불량성빈혈로 67세에 사망했는데 과도한 방사선에 노출된 결과였다. 라듐을 발견한 순간의 감동을 기록한 마리 퀴리의 연구노트는 100년이 지난 지금도 방사선을 방출하고 있어서 함부로 손으로 만질 수도 없는 상태다.

요즘 라돈이라는 낯선 원소가 장안의 화제다. 원자번호 92번인 우라늄(U)과 90번인 토륨(Th)이 붕괴되면 88번 라듐(Ra)이 되고, 다시 라듐이 붕괴되면 86번 라돈(Rn)과 84번 폴로늄(Po)을 거쳐 결국에는 방사능이 없는 82번 납(Pb)이 된다.

라돈은 지구에 원래 있는 원소다. 당연히 흙, 돌멩이, 물, 시멘트와 콘크리트에 들어 있다. 하지만 방사선 원소인 데다가 발암물질이라서 관리를 한다. 법에 따르면 학교 실내 라돈 기준치는 입방미터당 148베크렐이다. 이것은 1입방미터의 공기 속에 라돈 원자가 148개까지만 허용된다는 말이다. 그런데 모 업체의 음이온 침대에서 무려 2,000베크렐이 넘는 라돈이 측정돼서 문제가 되고 있는 것이다.

세계보건기구 국제암연구소(IARC)는 발암물질을 몇 가지로 분류한다. 암을 일으킨다고 확인된 물질은 (1급이 아니라) 1군으로 분류한다. 라돈은 1군 발암물질이다. 또 암을 일으킨다고 추정되는 물질은 2A군, 암을 일으킬 가능성이 있는 물질은 2B군으로 분류한다. 목록에 올라 있다고 모두 심각하게 걱정할 필요는 없다. 예를 들어서 소고기와 돼지고기는 2A군에 속하며 김치와 스마트폰은 2B군에 속하니까 말이다.

그런데 우리는 기꺼이 라돈 온천탕에도 가지 않았던가. 라돈 온천탕이 류마티스 관절염에 좋다는 증거도 없는데 말이다. 걱정하지 마시라. 라돈은 화학 반응성이 거의 없어서 먹어도 즉시 배출된다. 높은 농도의 라돈 가스를 오랫동안 마시면 폐암이 생길 수도 있다고 하지만 중요한 것은 언제나 '양'이다. 가끔 창문을 여는 것으로도 라돈 문제는 해결된다. 실수로 라돈이 들어간 문제의 침대는 폐기하면 그만이다.

도대체 그 비싼 침대를 왜 들여놓았을까? 음이온 침대

라는 이름으로 팔렸기 때문이다. 음이온 마루, 음이온 벽지, 음이온 에어컨, 음이온 공기청정기처럼 음이온은 건강의 상징이다. 그런데 정말 음이온이 건강에 좋을까? 2013년 1월 15일자 〈BMC 정신의학〉지에는 지난 80년간의 논란을 종식시키는 연구 논문이 실렸다. 1957~2012년에 발표된 음이온이 건강에 미치는 영향에 관한 35건의 연구를 종합한 결과 음이온은 건강에 아무런 영향을 끼치지 않는다는 게 결론이다.

피할 수 없는 자연 방사선은 우리 건강에도 별 문제가 되지 않는다. 하지만 음이온이 나오는 마루, 벽지, 에어컨, 공기청정기, 침대에 돈을 쓸 이유가 없다는 것은 분명하다.

매운 토마토

잠깐 유행처럼 등장했다가 사라진 단어가 있다. 유전공학이 그 가운데 하나다. 이 말이 처음 나왔을 때는 유전(油田)과 관련한 공학이라고 착각하는 사람이 있을 정도로 낯선 말이었다. 실제로는 유전(遺傳)이다. 굳이 공학을 붙인 이유는 유전자를 조작해서 새로운 생명체를 마구 찍어내는 어떤 공장 같은 것을 상상했기 때문이다. 대중은 유전공학이라는 말에 금세 매료되었다.

유전공학을 설명하는 책에는 반드시 나오는 예가 있었다. 포마토(pomato)가 바로 그것. 뿌리에는 감자(포테이토)가 달리고 줄기에는 토마토가 달리는 식물이다. 우리말로는 토감이라고 불렀다. 토지를 두 배로 효율적으로 사용할 수 있으니 가히 기적의 식물이라고 할 수 있었다. 이때가 1997년이었다. 무려 22년 전이다. 지금쯤이면 그냥 감자밭이나 토마토밭은 아예 없어졌어야 한다. 그런데 이젠 책에 포마토 같은 말은 등장하지도 않는다.

사실 포마토는 소위 '유전공학'으로 만들어진 게 아니

었다. 전통적인 접붙이기를 통해서 만들어졌을 뿐이다. 토마토와 감자 모두 같은 가지과 식물이어서 가능한 일이었다. 그런데 생각보다 비용이 많이 들었다. 결국 시장에서 살아남지 못했다. 포마토는 유전공학을 선전하기 위한 직관적인 도구에 불과했던 것이다.

유전공학에 대한 열망을 키운 속도만큼이나 빠르게 유전공학에 대한 우려와 혐오가 생겨나기 시작했다. 은근히 겁이 났기 때문이다. 유전공학 기술은 원하는 유전자를 이동시켜 빠른 시간 안에 새로운 형질의 식물을 만들었다. 우리는 그것을 GMO라고 한다. GMO는 우리 사회에 가까이해서는 안 되는 무섭거나 혐오스러운 단어로 자리잡았다.

그런데 가만히 따져보면 농업의 역사란 유전자 조작의 역사였다. 전통적인 육종에서도 원하는 유전자형을 분리해내든가 서로 다른 품종을 교배해서 원하는 형질을 선발했다. 오늘날의 GMO와 차이점이라고는 실험실에서 수십 년 만에 이뤄진 게 아니라 밭에서 수백~수천 년에 걸쳐서 만들어졌다는 것뿐이다. 농업의 역사란 유전자 조작의 역사고, 우리가 먹는 모든 것은 GMO다.

더 이상 유전공학이라는 말은 언론에 노출되지 않지만 유전자 조작은 단 하루도 쉬지 않고 이어지고 있다. 다만 '조작'처럼 부정적인 느낌이 나는 단어를 쓰지 않을 뿐이다. 요즘은 유전자 편집이라는 말을 많이 쓴다. 마치 책을 편집하는 것처럼 가볍게 들린다. 포마토처럼 이상한 괴물을 만드는 것이 아니라 그저 키위 색깔을 바꾸고 딸기의 맛을 바꾼다는 식이다. 물론 목적은 단 하나. 경제성이다.

포마토를 가능하게 했던 감자와 토마토처럼 고추도 가지과 식물이다. 1900만 년 전에 고추와 토마토는 같은 조상에서 갈라섰다. 그렇다면 고추와 토마토를 가지고도 뭔가 재밌는 '편집'을 할 수 있을 것이다. 그런데 편집을 해서 어떤 이득이 있을까? 각각의 장점을 취하고 단점을 버릴 수 있으면 금상첨화다. 장점만 더할 수 있어도 나쁘지 않다.

토마토는 경작이 쉽다. 그리고 영양분이 풍부하고 상큼한 맛이 난다. 고추는 경작이 어려운 데다 매운 맛이 난다. 고추도 처음에는 토마토 맛이 났을 것이다. 돌연변이 때문에 고추에서 그 맛이 사라지고 매운 맛이 생겼다. 물론 매운 맛은 고추에게는 행운이었다. 덕분에 사람을 제외한 다른 동물들은 고추를 건드리지 못한다. 매운 맛은 캡사이신 때문인데 캡사이신 수용체가 없는 새가 고추 씨앗을 멀리 퍼뜨린다. 고추 가운데서도 특히 맵고 톡 쏘는 맛이 강해서 다른 야채와는 달리 그냥은 못 먹고 양념으로나 쓸 수 있는 종류도 있다. 고추마다 각기 다른 매운 맛이 나는 까닭은 캡사이신 유형이 23가지나 되기 때문이다.

1980년대 유전공학이란 말이 차지했던 자리를 2000년대는 '크리스퍼 유전자 가위'가 차지하고 있다. 이것은 특정 유전자를 정확히 잘라서 원하는 곳에 넣어주는 신기의 기술이다. 그렇다면 고추마다 미묘하게 다른 캡사이신 유전자를 토마토에 이식하면 어떻게 될까? 과학자들은 매운 맛이 나는 다양한 토마토를 만들 수 있을 것으로 기대하고 있다. 토마토는 키우기가 쉽다. 막연한 기대가 아니다. 최근 브라질 연구팀은 칠리 맛이 나는 토마토를 개발했다.

모름지기 피자라면 두껍고 커다란 토마토 슬라이스가 토핑으로 듬성듬성 올라 있어야 한다. 그리고 매운 칠리소스를 뿌려가며 먹어야 제맛이다. 칠리소스는 맛있지만 질질 흐른다는 단점이 있다. 매운 맛이 나는 토마토가 생긴다면 더 이상 칠리소스를 흘리지 않아도 된다. 피자에 칠리소스를 뿌리지 않아도 되는 시대가 코앞에 왔다.

우리의 참을성을 시험하지 말라

독일 유학 시절 좋았던 점 하나를 고르라면 나는 고기를 꼽는다. 정말 고기는 원 없이 먹어봤다. 여름이면 주말마다 바비큐 그릴 파티를 했다. 이때 한국 유학생들은 인기가 아주 좋았다. 바로 불고기 덕분이다. 하지만 돈이 조금 든다. 그런데 미국 친구들은 얄밉게도 마시멜로라고 하는 싸구려 사탕만으로도 인기를 끌었다. 마시멜로를 바비큐 판에 구우면 입에서 녹는 맛이 기가 막혔다. 나도 한번 맛을 들인 다음에는 채익기도 전에 주워 먹곤 했다. 부드러운 달콤함은 매혹적이다. 이때 친구들이 말했다. "참는 자에게 복이 있나니."

우리나라에서 마시멜로는 사탕이 아니라 심리학 용어로 더 유명하다. 당시 스탠퍼드대 교수였던 심리학자 월터 미셸(1930~2018)은 1967년부터 몇 년에 걸쳐서 마시멜로를 가지고 심리학 실험을 했다. 실험은 간단하다. 아이에게 마시멜로 하나를 주고서는 "애야, 지금 이 마시멜로를 먹어도 돼. 그런데 선생님이 잠깐 나갔다 와야 해. 그때까지 먹지 않고 참고 있으면 선생님이 마시멜로를 하나 더 줄게"라고 이야기하고는 15분 동안 방을 떠났다가 돌아온다. 선생님이 나가자마자 3초 만에 마시멜로를 먹는 아이도 있고 7분 정도는 참았지만 견디지 못하고 결국은 먹는 아이도 있지만 끝까지 참고 기다렸다가 하나 더 먹는 아이도 있다.

이 실험의 목적은 단기 충동에 휘말렸던 아이들과 장기 보상을 받기 위해 참았던 아이들이 어떻게 다른 인생을 살게 될지 추적하는 것이었다. 13년 뒤 아이들의 상태를 추적했다. 인내력을 보였던 아이들은 대학 입학 성적이 좋았다. 20년 뒤 대학 졸업 성적도 좋았고 30년 뒤에 받는 연봉도 더 높았다. 반대로 인내력이 없던 친구들은 성적이 나빴고 약물에 중독되는 비율이 높았으며 감옥에도 더 많이 갔다. 연구팀은 인내력은 타고나는 것이 아니라 훈련되는 것이며 자기 통제력에는 이성이나 의지보다는 마치 거기에 마시멜로가 없는 것으로 여기는 지각이 가장 중요하다고 주장했다.

이 심리학 연구가 세상에 급속히 전파되는 것은 당연지사인데 실험 결과만 널리 퍼질 뿐 정작 연구팀의 해석은 별로 전달되지 않았다. 연구팀은 자기 통제력은 대상을 어떻게 상상하느냐에 따라 달라진다고 해석했지만 교육자와 부모들은 아이들의 인내력을 키우기 위한 엄격한 교육에만 매진했다.

심리학자들과 달리 자연과학자들은 마시멜로 실험에 대해 큰 의의를 두지 않았다. 통제되지 않은 변수가 너무 많았기 때문이다. 실험에 참여한 아이들이 마시멜로를 좋아하지 않을 수도 있고, 하도 먹어서 질렸을 수도 있다. 참을성의 문제가 아니라 가정 형편이나 형제의 수가 문제일 수도 있었을 것이다. 사 형제인 나는 어린 시절 집에 과자가 있으면 무조건 먹었다. 먹고 싶어서가 아니라 지금 안 먹으면 다른 형제들이 먹어치울까봐 걱정이 되었기 때문이다. 그리고 피시험자의 수가 너무 적었다. 연구팀이 나중에 성장 과정을 살펴본 사례는 50건에 불과했다.

마침내 심리학계에서도 월터 미셸의 실험이 근본적으로 잘못되었다는 주장이 나왔다. 뉴욕대와 UC 어바인대 공동연구팀은 1990년대에 미 국립보건원이 실시했던 실험 데이터를 분석했다. 실험 대상은 생후 54개월 된 유아 918명이었고, 이 가운데 절반 이상은 엄마가 대학 교육을 받지 않았다. 분석의 초점이 아이뿐만 아니라 부모와 가정환경으로까지 확장된 것이다. 또 마시멜로만 놓고 실험하지 않고 쿠키, 초콜릿처럼 아이들이 좋아하는 여러 가지 간식을 선택하게 했다. 그리고 시간도 15분에서 7분으로 줄였다(솔직히 15분은 너무 가혹하지 않은가).

이 실험은 전혀 다른 결과를 가져왔다. 인내심을 보인데는 엄마의 학력이 가장 큰 역할을 했다. 엄마가 대졸 이상의 학력인 경우에는 68퍼센트가 7분 동안 인내심을 발휘했지만 그렇지 않은 경우에는 45퍼센트만이 참았다. 연구팀은 엄마의 학력은 결국 가정의 경제력을 반영한다고 봤다. 참지못하고 간식을 먹은 아이들은 미래 보상에 대한 확신을 갖기 어려운 형편이었다. 또 아이들을 장기 추적해본 결과 참을성은 계산 능력이나 읽기 능력과는 아무런 상관관계가 없었다.

참는 자에게는 복이 있다고 한다. 복 있는 개인이 모여 복 있는 사회가 된다. 명랑한 사회가 되려면 미래 보상에 대한 확신이 필요하다. 시민, 특히 젊은이들을 속여서는 안 된다. 젊은이들이 신뢰할 수 있는 정치, 경제, 문화 환경이 만들어지면 우리는 모두 복을 누릴 수 있게 되지 않을까. 우리의 참을성을 시험하지 마시라.

땅콩 분노, 물컵 분노

대한항공 오너 일가의 행태가 잇따라 폭로되었다. 매일 새로운 제보가 쏟아졌다. 조현아의 '땅콩'에는 참았던 대한항공 직원들이 조현민의 '물컵'에는 참지 못했기 때문이 아니라 더 이상 회사가 망가지는 것을 보고만 있지 않겠다고 마음먹었기 때문일 것이다. 대한항공 오너 가족의 행태는 단순한 갑질을 넘어섰다. 이들은 마치 자신들이 봉건 영주나 노예주가 되는 양 되먹지 못한 행동을 했다.

도대체 대한항공 오너 일가의 뇌에서는 무슨 일이 일어나고 있는 것일까? 분노는 뇌과학자들의 중요한 연구 테마 가운데 하나다. 뇌에는 '분노 센터'가 없다. 그래서 연구가 간단하지 않다. 하지만 분노가 시작되는 지점은 밝혀졌다. 딱 복숭아씨처럼 생겼다고 해서 '편도체'라고 부르는 곳이다. 편도체에서 시작된 분노의 날감정이 몇 밀리초 만에 뇌의 가장 바깥 부분인 겉질로 전달된다. 그러면 겉질은 자기가 왜 화가 났는지 설명한다. 그러니까 화가 먼저 나고 화가 난 이유는 그다음에 설명하는 셈이다.

이유를 나중에 설명하는 분노 기작은 나무에서 살던 유인원 시절 위험을 재빨리 회피하기 위해 만들어진 메커니즘이다. 화가 나면 교감신경계가 작동해서 뇌에서 스트레스 호르몬 분비가 증가한다. 그 결과 몸이 바뀐다. 얼굴이 붉어지고 이마의 근육이 당겨지고 콧구멍이 벌름거리고 턱이 앙 다물어진다. 또 혈압이 오르고 맥박과 호흡이 빨라진다. 몸이 즉각적으로 위협에 대항해 행동할 준비가 된 것이다.

하지만 화가 났다고 해서 모두 폭력적으로 변하는 것은 아니다. 그랬다가는 현대 사회에서 정상적으로 살아갈 수가 없다. 행동할 준비가 끝났을 때 우리 몸에서는 부교감신경이 작동한다. 혈압을 다시 낮추고 근육을 이완시키면서 몸을 정상적으로 느긋하게 만들어주는 것이다.

그렇다면 대한항공 오너 일가는 도대체 왜 분노를 조절하지 못하는 것일까? 몇 가지 원인이 있다. 첫째로 정확히 진단을 해봐야 알겠지만 뇌 겉질에 문제가 있을 수 있다. 뇌의 겉질은 두께가 겨우 2밀리미터에 지나지 않지만 인간 두뇌에 존재하는 뉴런(신경세포) 1,000억 개 중 3분의 2를 포함하고 있으며 뉴런 사이의 연결 100조 개 중 4분의 3을 담고 있다. 겉질 가운데 가장 중요한 부분은 눈알 바로 뒷부분인 이마앞겉질이다. 선천적이든 후천적이든 여기에 손상을 입으면 분노 체질이 된다. 실제로 미국에서는 살인자나 폭력범들의 변호사들이 이마앞겉질 손상을 이유로 감형을 요구하는 경우가 많다.

세 자녀뿐만 아니라 모친까지 비슷한 행태를 보이는 것은 교육의 영향일 가능성도 높다는 것을 시사한다. 꼬마들에게 역할극을 시키면 높은 지위의 역할을 맡은 아이들이 화가 난 표정을 짓는 것을 쉽게 볼 수 있다. 화난 표정을 한 사람이 더 힘이 세고 사회적 지위가 높은 사람으로 받아들여지는 경향이 있기 때문이다. 성인도 일부러 분노를 표출함으로써 다른 사람들을 통제하려고 한다. 대한항공 오너 일가뿐만 아니라 도널드 트럼프도 마찬가지다. 그들은 자신의 요구가 충족되지 않으면 화를 낸다. 그 덕분에 항상 더 많이 얻어내는 성과를 내고 있다.

자기가 심리적으로 감당할 수 없을 정도로 높은 권력을 차지함으로써 공감능력을 상실했을 가능성도 고려할 수 있다. 대체적으로 권력을 가질수록 공감능력은 떨어지는 경향이 있다. 이마에다가 알파벳 E를 써보라고 하면 대부분의 사람들은 상대방이 읽기 쉽도록 E를 거울상으로 뒤집어 쓴다. 공감능력이 있기 때문이다. 하지만 공감능력이 떨어지는 사람들은 자기 쓰기 편한 대로 이마에 E를 그냥 쓴다. 그러면 상대방이 읽을 때는 좌우가 바뀐 것으로 보인다. 권력이 적은 사람들은 12퍼센트만이 자기 편한 대로 E를 썼지만 권력이 많은 사람들은 무려 33퍼센트가 자기 편한 대로 E를 썼다. 대한항공 오너 일가에게 이마에 E를 쓰라고 하면 어떤 결과가 나올지는 궁금하지도 않다.

끓어오르는 분노를 어떻게 해야 할까? 인문학자 정지

우는 『분노사회』라는 책에서 우리 사회 분노의 기원을 압축 성장과 가부장적 사회구조에서 기인한 불안에서 찾았다. 불안이 분노로 표출된다는 것이다. 이것은 뇌과학의 연구와도 일치한다. 분노사회를 해결하기 위해서는 안심하고 살 수 있는 사회를 만들어야 한다. 오래 걸리는 일이다.

개인도 충분히 분노를 관리할 수 있다. 뇌과학자들은 화가 나면 일단 모든 일을 멈추고 호흡을 가다듬고 상대방의 입장에 서보라고 권한다. 아이를 키우는 부모들이 매일 하는 일이다. 분노를 조절하지 못하는 부모에게 아이를 맡겨서는 안 된다. 기업이나 나라는 말할 것도 없다.

부디 다른 삶이 기다리기를

'58년 개띠'란 단어를 귀에 못이 박히도록 들으면서 자랐다. 58년 개띠들은 흔하기도 하거니와 그 누구보다 격동적인 인생을 살아낸 분들이다.

58년 개띠들은 가난하게 태어났다. 보따리에 책을 싸서 고무신을 신고 산을 넘어 학교에 다녔다. 학교에서는 미국이 보내준 옥수수빵과 분유를 먹어야 겨우 영양실조를 면했다. 선배들과 달리 중학교 입학시험을 보지 않고 추첨으로 학교를 배정받았다. 고등학교도 연합고사를 보았다. 흔히 말하는 원조 뺑뺑이 세대다. 선배들이 곱게 보지 않았고 후배 취급도 하지 않았다. 58년 개띠는 무시당하며 자랐다. 고등학교에 입학하자마자 학도호국단이라는 군사 조직에 편입되어 군사 훈련을 받아야 했다.

58년 개띠는 역대 최고 경쟁률의 예비고사와 본고사를 거쳐 76학번이 되었다. 1,387명을 잡아가둔 긴급조치 9호 시절이었다. 2학년을 마치고 군대에 간 사이에 박정희가 죽었다. 군부독재 청산을 요구하는 5·18 광주민주화운동이 일어났다. 58년 개띠 가운데 일부는 민주화운동에 총부리를 겨누어야 했다. 제대하고 돌아간 학교에는 백골단이라는 경찰들이 차고 넘쳤다. 전두환의 폭정에 시달려야 했다.

전후로 매년 약 100만 명이 태어났지만(2018년생은 약 33만 명에 불과하다) 58년 개띠는 다행히 전 세계적인 호황 덕분에 일자리는 쉽게 얻었다. 실업이라는 말은 거의 게으름과 같은 의미로 통하는 시대였다. 하지만 직장을 비롯한 사회 곳곳에는 두터운 군사문화가 서려 있었다. 이들은 항상 가난 아니면 압제라는 상황에 놓여 있었다.

그러다가 서른이 되었다. 이때가 1987년이다. 1월 14일 서울시 남영동에서 서울대 학생 박종철이 죽었다. 사인은 경부압박에 의한 질식. 나중에 부검한 다음에야 다리를 결박당한 채 물이 가득 찬 욕조에 머리를 처박히다가 목 부분이 욕조에 눌려 죽었다는 사실이 밝혀졌다. 박종철이 죽을 때까지 고문한 사람은 조한경, 강진규, 반금곤, 이정호, 황정웅이라는 다섯 명의 수사관이었다. (이들의 이름을 다섯 번쯤 불러보자.) 경찰 당국은 고문을 숨겼다. 어디 이런 일이 한두 번이었겠는가. 당시 경찰총수인 강민창 치안본부장과 박처원 치안감은 "책상을 탁하고 치니 억하고 죽었다"라는 세기의 거짓말을 능청스럽게 했다. 그들에게 거짓말은 일상이었다.

젊은이들이 나섰고 재야 운동권이 합세했다. 하지만 독재자들은 자신들이 정한 일정대로 나갈 뿐이었다. 6월 10일 정오에는 잠실체육관에서 전두환이 노태우의 손을 번쩍 치

켜들면서 민주정의당 대통령 후보로 선언할 예정이었다. 이 시간에 맞추어 재야 운동권은 성공회대성당에서 '박종철군 고문치사 조작, 은폐 규탄 및 호헌철폐 국민대회'를 열기로 했다. (여기서 6·10 항쟁이라는 말이 생겨났다.) 그리고 바로 전날인 6월 9일 연세대학교에서는 '6·10대회 출정을 위한 연세인 결의대회'가 열렸다. 전경들은 학생들을 향해 최루탄을 발사했고 이한열은 최루탄을 맞고 사경을 헤매게 되었다. 그러자 58년 개띠들을 비롯한 직장인들이 넥타이를 매고 거리 시위에 동참했다. 마침내 제5공화국 시대가 막을 내렸다. 이때 이들이 나서지 않았다면 군사독재는 한참이나 더 진행되었을 것이다.

58년 개띠들이 삼십대 중반이 되자 일산·분당·평촌·산본·중동 같은 신도시에 입주가 시작되었다. 1990년 58퍼센트에 불과했던 주택보급률이 급속히 높아졌다. 58년 개띠는 중년에 자기 집을 가지게 된 해방 후 첫 세대였으며 부동산 열기를 타고 어느 정도 안정적인 재산을 모았다. 하지만 마흔 줄에 들어서려던 1997년 12월 국가부도사태가 났다. 정부는 국제통화기금(IMF)에 급히 20억 달러를 빌려달라고 구걸해야 했다. 대가는 가혹했다. 우리나라 경제정책은 국제 자본가들의 입맛대로 돌아갔다. 수많은 58년 개띠들이 한창 일할 마흔 살 나이에 직장에서 쫓겨났다.

1998년 2월 제15대 대통령 김대중의 임기가 시작되었다. 한국의 경제가 다시 정상화되고 민주화가 정착되었다.

하지만 58년 개띠는 이미 오십 줄에 들어선 다음의 일이다. 정치와 사회의 주도권은 그들보다 몇 년 어린 386세대에게 넘어갔다.

이전 세대가 누리던 특권은 사라졌고 다음 세대보다는 훨씬 강한 경쟁을 견뎌내야 했으며 한국 산업과 민주주의 발전에 큰 기여를 했지만 별다른 빛을 보지는 못했던 58년 개띠는 2018년 만 예순이 되었다. 대부분의 직장에서 물러나야 할 나이가 된 것이다. 58년 개띠 선배들이 정말 고맙다. 18년 개띠 생들에게는 부디 다른 삶이 기다리기를 바란다.

이 세상에 동경시(東京時)는 없다

"좋다. 지금 모두 시간을 맞춰라. 정확히 30분이다. 그 시간 내에 인질을 구출하고 즉시 퇴각한다. 명심해라. 단 일분일 초도 어긋나서는 안 된다. 알겠지?"

소설『스페셜리스트』의 한 장면이다. 인질 구출 작전에서 시간은 아주 중요하다. 전 부대원이 같은 시간을 가리키는 시계를 차고 있어야 한다. 수많은 영화에서 이런 장면을 봤다. 하지만 그냥 소설과 영화의 한 장면일 뿐이다. 요즘은 이런 지시를 군이 내리지 않아도 된다. 휴대폰과 전자시계는 GPS가 알려주는 시간을 자동적으로 게시하기 때문이다.

그런데 2018년 4월 27일 역사적인 남북정상회담이 열린 판문점에서는 희한한 일이 벌어졌다. 문재인 대통령이 판문점에 도착하자 근접 풀 기자가 주변에 있던 기자에게 "문 대통령이 8시 31분에 도착했다"고 알려주었다. 하지만 다른 기자의 시계는 9시 1분을 가리키고 있었다. 8시 31분이라고 말한 기자의 휴대폰이 북한 시간으로 자동 세팅되어 일어난 해프닝이다. 그렇다. 북한 사람의 시간은 남한 사람의 시간보다 30분 늦다.

불과 2년여 전에 시작된 일이다. 북한은 2015년 8월 15일 광복 70주년을 맞아 시간을 30분 늦췄다. 당시 조선중앙통신은 "동경 127도 30분을 기준으로 하는 시간을 조선민주주의인민공화국 표준시간으로 정하고 평양시간으로 명명한다"라고 보도했다. 그런데 그해 말 자유아시아방송은 북한의 10대 뉴스를 정리하면서 "지난 8월 15일 남한이 표준시로 사용하는 '동경시' 기준 0시 30분부터 새로 바뀐 '평양시'를 사용하기로 했습니다"라고 표현했다.

세종대왕 때부터 만들어진 해시계 앙부일구는 우리 민족과학의 자랑이다. 그런데 앙부일구는 휴대폰 시계와 맞지 않는다. 그때는 그게 맞는 시간이었다. 앙부일구는 각자 자기가 있는 곳에서 보이는 태양의 움직임을 반영하는 시계다. 태양이 가장 높이 떠오르는 시간이 정오다. 따라서 이 세상에는 수없이 많은 정오가 있었다. 어차피 한 마을에서 태어나 그 마을에서 살다가 죽는 시대, 빠르게 멀리 이동하지 못하던 시대에는 각자의 시간을 쓰면 됐다.

그런데 아뿔싸! 영국에서 산업혁명이 일어났다. 철도가 등장했다. 기차로 한 도시에서 다른 도시로 이동할 때마다 사람들은 자기가 가지고 있는 시계와는 다른 시간을 가리키고 있는 기차역의 벽시계를 봐야 했다. 시간을 통일할 필요가 생겼다. 영국인들은 그리니치 천문대를 지나는 자오선을 기준으로 그리니치 평균시(GMT, Greenwich Mean Time)

를 정했다.

철도가 좁은 영국을 벗어나 거대한 대륙으로 뻗어나가자 문제가 확대되었다. 1876년 캐나다 공학자 샌퍼드 플레밍(1827~1915)은 시골역에서 기차를 놓친 후 통일된 시간, 즉 표준시가 필요하다는 걸 깨닫고 관련 논문 두 편을 제출했다. 그리고 1884년 마침내 영국 그리니치 자오선이 세계 공통 자오선으로 채택되었다. 굳이 그리니치 자오선이 표준이 될 이유는 없지만 영국이 이미 30년 이상 표준시를 사용해왔고 미국 철도 회사도 이를 기준으로 기차 시간표를 작성했기 때문에 '편의성'이 높다는 사실이 고려되었다.

우리나라는 대한제국이 수립된 후인 1908년 4월 1일에 동경 127.5도를 기준으로 표준시를 도입했다. 그리니치 자오선이 지나가는 영국보다 8시간 30분 빠른 시간이고 GMT+8:30으로 표기한다. 그러다가 일제강점기인 1912년 일본과 같은 동경 135도를 기준으로 하는 GMT+9:00으로 변경되었다. 내선일체를 주장하는 일본의 입장에서는 당연한 결정이었다. 우리나라 표준시는 이승만 정권 때 다시 GMT+8:30으로 돌아갔다가 5·16 쿠데타를 일으킨 박정희 정권에 의해 또다시 GMT+9:00으로 돌아가서 현재에 이르고 있다.

북한은 이것을 되돌린 것이다. 일제 잔재 청산이라는 명분은 근사했다. 하지만 2018년 5월 5일자로 다시 남한과 같은 시간을 쓰기로 했다. 4월 27일 평화의 집 대기실에 남과

북의 시간을 각각 가리키는 두 개의 시계가 걸려 있는 장면을
보고서 김정은 국무위원장이 내린 결단이라고 한다.

그러자 남한의 일각에서는 북한이 시간을 바꿀 게 아니
라 남한이 시간을 바꿔야 한다는 주장이 나왔다. 왜 우리가
동경시를 따라야 하느냐는 것이다. 그런데 세상에 동경시(東
京市)는 있어도 동경시(東京時)는 존재하지 않는다. 일본의
표준시는 동경(東京)이 아니라 동경(東經) 135도를 기준으로
삼은 시간이다. 대략 오사카를 지난다.

표준시를 설정할 때, 정수 시간 단위의 시차를 두는 것
이 표준이자 권고사항이다. 그렇다면 우리는 일본과 같은 시
간을 쓸지, 중국과 같은 시간을 쓸지를 결정해야 한다. 지금
처럼 일본과 같은 동경 135도 표준시를 쓰면 아무런 변화가
없지만 중국과 같은 시간을 쓰려면 우리는 무수한 것들을 바
꿔야 한다. 그리고 어중간한 경우 빠른 시간을 택하는 게 일
반적이며 에너지 절약에도 유리하다.

무릎 꿇지 않는다

엉덩이는 발뒤꿈치 쪽에 둔다. 양손을 무릎 위에 두고 고개를 숙인다. 무릎 꿇기 자세다. 무릎을 꿇는 자세는 무릎에 좋을까, 나쁠까? 한의학과 관련된 어떤 사이트를 보니 무릎을 꿇고 앉으면 관절염 발생이 줄고 간을 보호하는 효과를 볼 수 있다고 한다. 그런데 스포츠 관련 사이트에서는 정반대의 이야기를 한다. 무릎을 꿇으면 관절이 과도하게 꺾인 상태가 되어 무릎 내부의 압력이 높아져 무릎의 부담이 커지고, 무릎 관절을 지탱해주는 인대도 과도하게 긴장되고 혈액 순환도 잘 안 되므로 오랫동안 무릎을 꿇고 있으면 무릎 관절이 쉽게 약해진다는 것이다. 뭐가 맞는지 잘 모르겠다. 나는 무릎을 꿇지 않는데 무릎을 꿇으면 무릎부터 종아리까지 아파오고 기분도 좋지 않기 때문이다.

무릎은 보통 굴욕적인 상황에서 꿇는다. 야간투시경을 달고 마을을 급습한 미군 병사들에 둘러싸인 아랍 소년이 무릎을 꿇은 채 두 손을 들고 공포에 떨고 있는 모습이라든지, 주차 아르바이트 학생이 안내를 잘못했다는 이유로 갑질 하

는 고객 앞에서 무릎을 꿇고 사과하는 모습이 생각난다. 아,
학부모가 교실에 찾아와 교사를 무릎 꿇리고 사과를 받는 모
습도 있다. 아무리 생각해봐도 무릎 꿇기는 건강에 좋지 않
을 것 같다. 갑질 하는 사람들이 상대방에게 굴욕감을 주면
서 동시에 건강에 좋은 자세를 취하라고 할 것 같지는 않기
때문이다.

2017년 9월 1일 저녁 9시쯤 부산 사상구의 한 공장 인
근 골목길에서 열네 살 여중생이 무릎을 꿇은 채 한 살 더 많
은 여중생들에게 둘러싸여 있었다. 여중생은 공사 자재, 소
주병, 벽돌, 의자 등으로 1시간 30분 넘게 폭행을 당했다. 맞
아봐서 안다. (나를 때린 사람은 깡패들이 아니었다. 나를 보호
해야 마땅한 교사와 경찰들이었다.) 너무 많이 맞으면 나중에
는 아프지도 무섭지도 않다. 그저 빨리 이 상황을 벗어나고
싶은 마음뿐이다. 때리는 소녀들도 마찬가지였을 것이다. 더
이상 때려봐야 소용도 없고 지치기만 했을 것이다. 빨리 끝
내고 싶었을 것이다. 소녀들은 무릎 꿇기를 요구했을 것이고
소녀는 무릎을 꿇었을 것이다.

나흘 뒤인 9월 5일 저녁 10시쯤 서울 강서구의 한 초등
학교 강당에서는 엄마들이 무릎을 꿇은 채 사진 기자들에게
둘러싸여 있었다. 특수학교 건립을 위한 토론회장이었다. 두
달 전인 7월 6일에 무산되었던 주민토론회가 다시 열렸지만
토론은 제대로 되지 않았다. 고성이 오갔을 뿐이다.

"여러분도 부모고 우리도 부모입니다. 장애가 있다는

이유 하나만으로 여기 지을 수 없다고 한다면, 그럼 어떻게 할까요? 여러분들이 욕하시면 욕 듣겠습니다. 모욕 주셔도 괜찮습니다. 때리셔도 맞겠습니다. 그런데, 그런데 학교는, 학교는 절대로 포기할 수가 없습니다. 여러분, 장애 아이들도 학교는 다녀야 하지 않겠습니까."

토론이 진전되지 않자 발달장애인 딸을 둔 엄마가 강당 바닥에 무릎을 꿇었고 그 모습을 본 장애 아동 부모 수십 명이 빠른 걸음으로 달려나왔다. 옆에, 뒤에 줄지어 무릎을 꿇었다. 아이들을 위해 스스로 굴욕적인 자세를 취한 것이다.

반대하는 주민들도 무릎을 꿇었다. 이들은 마이크를 잡고 "교육감님, 가양2동 주민들도 살게 도와주십시오. 도와주십시오. 우리 보고 죽으라는 겁니까?"라고 외쳤다. 그들도 굴욕적이었을 것이다. 평생 번 돈으로 겨우 하나 마련한 아파트 값이 떨어질까 노심초사하는 마음에 어쩔 수 없었을 것이다.

그런데 장애인 학교가 들어오면 집값이 떨어진다는 우려는 근거가 없다. 내가 살고 있는 일산에는 한국경진학교라는 정서 행동장애 학생을 위한 국립 특수학교가 있다. 유치부, 초등부, 중등부, 고등부, 전공과를 두고 있다. 바로 앞에 있는 일반 고등학교를 다니는 딸은 그게 무엇인지도 모른다. 대부분의 주민들도 마찬가지다. 그리고 집값에는 아무런 영향을 주지 않는다. 장애인 시설이 집값을 떨어뜨린다는 것은 막연한 공포일 뿐이다.

마포구 상암동에 세워진 푸르메재단 넥슨어린이재활

병원도 마찬가지다. 2010년 주민설명회 자리에서 역시 장애 어린이의 부모들은 눈물로 호소했지만 그들에게 돌아온 것은 욕설과 고성이었으며 멱살잡이도 있었다. 하지만 지금은 어떠한가? 병원 안의 도서관과 수영장, 치과를 주민들이 공유하고 있다. 1층 로비는 노인들의 사랑방 역할을 하고 있다. 강서구민들이 마포구의 이 어린이재활병원을 방문해보면 좋겠다.

장애인들도 학교에 당당히 갈 수 있어야 하고, 장애인 학교가 들어오면 지역 주민들의 삶도 더 좋아져야 한다. 장애인 학교가 주민들을 위한 체육시설과 문화시설이 되어야 하고 마을의 중심이 되도록 만들어야 한다. 교육청과 국회의원이 책임지고 해결할 일이다.

부산 사상구에서 여중생이 꿇은 무릎과 서울 강서구의 장애 아동 부모들이 꿇은 무릎은 같은 무릎이고 의미도 같다. 굴욕이다. 시민들이 무릎 꿇지 않는 나라, 그게 나라다.

4 부

동물의 도움

북극의 펭귄, 남극의 펭귄

펭귄은 참 별난 새다. 짝짓기 철이 되면 여러 마리의 암컷이 한 마리의 수컷을 두고 경쟁하는 지상에서 몇 안 되는 생물 가운데 하나다. 추위와 도둑 갈매기의 공격으로 새끼를 잃으면 다른 어미의 새끼를 도둑질하려 든다. 새이지만 몸은 무겁고 날개는 작아서 날지 못한다. 발목이 몸 안에 잠겨 있어서 뒤뚱거리며 걷는 모습이 안쓰러울 정도다.

다행히 헤엄은 잘 친다. 물속에 들어가면 순간 시속 48킬로미터의 속력을 낼 수 있다. 덕분에 크릴새우, 물고기, 오징어 같은 물에 사는 동물들을 잡아먹을 수 있다. 하지만 항상 이렇게 날쌔게 돌아다니는 것은 아니다. 백상아리나 대왕고래(흰긴수염고래)와 마찬가지로 펭귄도 시속 8킬로미터의 속력을 유지하며 유영한다. 단거리에서 시속 30킬로미터로 헤엄치는 마이클 펠프스는 물론이고 2018년 베를린 마라톤 대회에서 2시간 1분 39초의 기록으로 세계신기록을 세운 케냐의 일리우드 킵초게의 시속 21킬로미터에도 한참 못 미친다. 연비를 따지기 때문이다. 하지만 작은 몸집을 생각하면 대왕고래와 비교할 때 엄청 빠르게 헤엄치는 셈이다.

매년 겨우 1~3개의 알을 낳는데 강추위 속에서 부화시키고 양육하기가 쉽지 않다. 하지만 날지 못하는 새로 분화한 지 6,500만 년이 넘었지만 아직도 버티고 있는 까닭은 남극을 주서식지로 삼았기 때문이다. 남극의 추운 바다에는 의외로 먹을 것이 풍부하고 천적이라고는 바다표범과 범고래 같은 해양 포유류가 전부다. 펭귄의 등은 어두운 색이지만 배는 하얀색이다. 펭귄이 바다로 들어오기를 기다리는 범고래와 바다표범에게는 흰 배만 보인다. 바다표범의 입장에서는 구분도 잘 되지 않는 날쌘 펭귄보다는 다른 먹이를 찾는게 낫다.

남극은 생각처럼 춥기만 하지는 않다. 남극 대륙에 딸린 섬 가운데는 여름에 17도까지 오르는 곳도 있다. 온몸을 촘촘하게 털로 덮고 있는 펭귄으로서는 열사병에 걸릴 지경이다. 그래서인지 더운 여름이 되면 펭귄들은 납작 엎드려 바람과 지면을 이용해 열을 식힌다.

펭귄이라고 하면 자연스럽게 남극 대륙이 떠오르지만 사실 오로지 남극에만 사는 펭귄은 황제펭귄 한 종뿐이다. 총 열여덟 종의 펭귄 중 열네 종은 남아메리카, 남아프리카, 뉴질랜드와 오스트레일리아처럼 남극 대륙과 마주보고 있는 곳에도 서식한다. 적도 부근에 있는 갈라파고스 제도에도 세 종이나 산다. 이 가운데 한 종은 먹이를 찾아 때때로 적도를 넘어서 북반구까지 들락거리기도 하지만 어쨌든 열여덟 종의 펭귄 서식지는 모두 남반구이다.

북반구에 있는 펭귄들은 모두 동물원에서 산다. 보통 동물들은 야생 상태보다 동물원에서 더 오래 산다. 동물원에서는 포식자에게 잡아먹히거나 굶주릴 염려가 없기 때문이다. 하지만 야생 상태에서는 20~50년을 사는 펭귄이 동물원에서는 몇 년밖에 살지 못한다. 동물원의 펭귄은 자주 아프고 잘 죽는다. 면역체계가 약하기 때문이다. 펭귄이 사는 남극 대륙은 청정지역이다. 또 너무 추워서 병원균이 살 수 없어서 감기에 걸릴 기회도 없다. 그러니 펭귄에게 잘 갖춰진 면역체계가 있을 리가 없다. 이런 펭귄들을 동물원에 가둬둔다는 것은 군사들을 무기 없이 전쟁터에 내보내는 것과 같다.

그런데 사실 펭귄의 고향은 남극이 아니라 북극이다. 펭귄은 원래 북극해와 북대서양에서 살았다. 북극의 펭귄도 배의 깃털은 희고 머리에서 등까지의 깃털은 윤이 나는 흑색이었다. 연미복을 연상시키는 모습이다. 몸집이 크고 날개가 작아서 날지 못했다. 알을 1년에 하나만 낳았다. 영국과 프랑스 사람들은 이 새를 '펭귄'이라고 불렀다. 웨일즈어로 '흰 머리'라는 뜻이다. 우리말로는 큰바다오리라고 한다. 학명은 핀구이누스 임페니스(Pinguinus impennis)다.

사람들은 8세기부터 깃털과 지방을 얻기 위해 북극해의 펭귄을 사냥했다. 펭귄은 사람을 무서워하기는커녕 호기심을 가지고 접근하다가 살해당했다. 수백만 마리에 이르던 수가 금세 줄었다. 그러자 사람들은 박물관에 전시한다는 명

목으로 사냥했다. 결국 1844년 6월 3일 마지막 큰바다오리가
사냥감이 되어 박제되었다.

한참 후에 유럽인들은 남극 대륙에 와서 큰바다오리와
닮은 새를 발견했다. 그때부터 남극의 새들을 펭귄이라고 부
르기 시작했다. 물론 북극 펭귄 큰바다오리와 남극 펭귄은
친척이 아니다. 큰바다오리는 도요목 갈매기아목 바다오리
과에 속하고 펭귄은 펭귄목 펭귄과에 속한다. 인간은 북극해
에서 펭귄을 멸종시키고서 남극에서 펭귄과 닮았지만 펭귄
과는 전혀 상관없는 새를 발견하고서는 펭귄이라고 부르는
셈이다. 웃기면서도 슬픈 이야기다.

더욱더 놀라운 사실이 있다. 박제를 만들어 박물관에
전시하겠다는 명목으로 엄청나게 남획했지만 지금 남아 있
는 박제는 전 세계를 통틀어 78점에 불과하다.

그깟 베개가 뭐라고

우리말 맞춤법은 정말 어렵다. '괴발개발'처럼 별로 쓸 일이 없어서 익숙해지지 않는 말도 있고 매일 사용하지만 글로 쓸 일이 거의 없어서 헷갈리는 단어도 있다. 배개/배게/베개/베게, 도대체 어떤 게 맞는가? 베개가 맞다. 베개는 '덮개'나 '지우개'처럼 동사 뒤에 '개'를 붙여 만든 단어다.

갓 태어나 며칠이 지나면서부터 베개가 필요하다. 우리 몸은 구조상 맨바닥에 누우면 머리가 뒤로 젖혀져서 불편하기 때문이다. 이불과 요 없이는 잘 수 있어도 베개 없으면 잠들기 어렵다. 하다못해 겉옷이나 두꺼운 책으로 목을 받히든지 자신의 팔이라도 베어야 한다. 팔 저리다. 아내와 연애할 때 봄 햇살을 받으며 그녀의 무릎을 베고 누웠을 땐 (로맨틱하기는 하지만) 솔직히 불편했고, 어쩌다가 아내의 목을 팔베개로 받혀줄 때는 어떻게 하면 교묘하게 팔을 빼어낼까를 고민하게 된다.

베개는 목뼈를 편안하게 하는 정도의 높이여야 한다. 그 높이는 베어보면 금방 안다. 그런데 사람들은 자는 동안

20~30회 정도 뒤척인다. 따라서 천장을 보고 똑바로 눕든 모로 눕든 어떤 자세를 취해도 편하게 디자인되어야 한다. 두꺼운 책이 베개로 좋을 턱이 없는 이유다. 어릴 때는 왕겨를 채운 베개를 썼다(자기 베개는 메밀로 채워져 있다고 자랑한 친구가 있었는데, 그땐 내가 메밀이 뭔지 몰라서 자랑이 소용없었다). 탁월한 베개다. 베개가 알아서 가장 편안한 자세를 만들어준다. 그리고 신체 무게의 10퍼센트를 차지하는 머리의 압력을 골고루 분산시켜준다.

구석기인들도 베개를 사용했는지, 사용했다면 어떤 베개를 베었는지는 아무도 모른다. 남아 있는 베개는 기원전 7000년 전 메소포타미아 사람들이 사용했던 돌베개다. 장준하 선생님을 떠올리게 하는 돌베개가 편할 리 없다. 역사가들은 부자들만 벌레가 귓구멍으로 들어가는 것을 막기 위해 사용했을 것으로 추측한다. 고대 그리스와 로마 사람들은 목화, 갈대, 밀짚을 채워서 안락한 베개를 만들었다. 부자들은 이미 오리와 거위 가슴 털로 채운 베개를 사용하기 시작했다. 중세의 유럽은 여러모로 암흑시대였다. 당시 베개는 유약함의 상징이었다. 잉글랜드 왕 헨리 8세는 왕과 임신부를 제외한 사람들이 푹신한 베개를 사용하는 것을 금했다. 16세기가 되어서야 다시 푹신한 베개가 사용되기 시작했지만 곰팡이와 해충 때문에 속을 자주 바꿔야 했다. 유럽인들이 일상적으로 베개를 사용하게 된 것은 산업혁명 이후의 일이다.

고대 그리스와 로마 시민들이 애호하던 오리와 거위털

이 산업혁명 후 베갯속으로 최고 인기였다. 거위와 오리가 널려 있었다. 야생 상태로도 많았고 가금류로도 많이 키웠다. 굳이 산업혁명 후만 그런 게 아니고 지금도 그렇다. 찰스 다윈을 세상에서 가장 유명한 생물학자로 만들어준 책은 『종의 기원』이다. 그는 이 책에서 자연선택이 진화의 원인이라고 주장했다. 그는 이렇게 거창한 것만 연구한 사람이 아니다. 지렁이나 산호 같은 주제도 많이 다루었고 『집에서 기르는 동식물의 변이』 같은 책도 썼다. 이 책의 8장에는 '까치오리(Labrador duck, Camptorhynchus labradorius)'가 등장한다. 찰스 다윈은 자신의 집에서 까치오리를 키웠다.

까치오리는 19세기에 가장 유명한 집오리 품종이었다. 하지만 순식간에 까치오리는 비극적인 최후를 맞이한다. 까치오리 털이 이불과 베개의 재료로 너무 좋았던 것이다. 사람들은 베갯속을 채우기 위해 까치오리를 남획했다. 1871년 캐나다에서 마지막으로 목격된 까치오리가 총에 맞아 죽었다. 4년 후인 1875년 미국 롱아일랜드 섬에서 지구에 남은 마지막 까치오리가 죽었다. 오리털 베개 유행이 시작된 후 불과 수십 년 만에 수백만 년간 존재하던 까치오리가 멸종한 것이다. 그깟 베개 때문에 말이다.

캐나다의 조류학자 글렌 칠튼은 전 세계에 남아 있는 55개의 까치오리 박제 표본과 9개의 까치오리 알을 자신의 눈으로 보기 위해 5년에 걸쳐 10개 국가, 40개 도시의 44개 자연사박물관을 방문했다. 그의 기이한 여행은 우리나라에서도 출판된 『이상한 조류학자의 어쿠스틱 여행기』에 잘 담겨 있다. 나는 2013년 캐나다 몬트리올에 있는 맥길대학교 레드패스 박물관의 계단참에 까치오리가 아주 허술하게 전시되어 있다는 소문을 듣고 찾아갔지만 보지 못하고 돌아왔다. 글렌 칠튼의 책이 나온 후 박물관 측이 박제를 수장고로 옮겨버린 것이다. 하지만 우리는 이제 까치오리를 볼 수 있다. 곶감의 고장 상주의 낙동강생물자원관에는 훌륭한 까치오리 표본이 전시되어 있다.

도시에 가장 잘 적응한 새

몽골 민담 한 편. 참새와 비둘기가 도시로 여행을 떠났다. 둘은 도시에 들어가기 전 숨을 고르기 위해 언덕 위에 있는 작은 집 창가에 앉았다. 이때 집 안에서 어떤 여자가 고통으로 신음하는 소리가 들려왔다. 비둘기가 말했다.

"이 여인을 돌봐야겠어."

그러자 참새가 대답했다.

"그럴 틈이 어딨어? 나는 얼른 도시 사람들이 어떻게 사는지 봐야겠어."

비둘기는 병든 여인을 돌보느라 남았고 참새는 도시 건물 꼭대기에 둥지를 틀고 세상 사람들 이야기를 들었다.

한 달 뒤 비둘기와 참새는 다시 만났다. 그런데 서로의 말을 알아들을 수가 없었다. 비둘기는 병든 여인이 고통을 이기지 못하고 신음하듯이 구구 하고 울었고, 참새는 아침부터 저녁까지 이해하지도 못하는 소리를 지껄이면서 수다를 떠는 도시 사람들을 잊지 못해 재잘거리며 울었기 때문이다. 이런 사연으로 비둘기와 참새는 오늘날까지도 서로를 이해하지 못한 채 함께 지낸다고 한다.

사람들은 새에게 호의적이다. 개가 소리를 내면 짖는다고 하지만 새가 소리를 내면 노래를 한다고 한다. 새는 아름답다. 평화의 상징이다. 그런데 머릿속에 어떤 새가 떠오르는가? 어제 어떤 새를 보았는가? 십중팔구는 비둘기와 참새일 것이다. 비둘기와 참새는 지금 지구에 살고 있는 약 1만 400종 조류 가운데 도시에 가장 잘 적응한 새다. 덕분에 가장 나쁜 새로 낙인 찍혔다.

상쾌한 새벽 출근길에 만난 비둘기의 모습은 어떠한가? 비둘기들은 취객의 토사물을 먹고 있든지 쓰레기봉투를 뜯고 있다. 우리가 아무리 불쾌한 표정으로 거친 행동을 해도 비둘기는 피하지 않는다. 오히려 사람들이 피한다. 비둘기는 몸이 무거워서 피하기가 쉽지 않다. 오죽하면 '닭둘기'라는 별명도 얻었겠는가.

유럽에서는 길을 걷다가 새똥(이라고 말하지만 사실은 비둘기 똥)에 맞으면 "오늘 좋은 일이 생기려나봐"라고 이야기한다. 하지만 말과 표정이 정반대다. 오죽 싫으면 위로하는 말이 생겼겠는가. 사람들은 직관적으로 알고 있다. 비둘기는 더럽다. 목욕할 물과 모래도 없는 도시에서 살기 때문이다. 실제로 비둘기 깃털에는 벼룩과 세균이 많다. 날아가면서 사람에게 떨어뜨려 알레르기나 피부염을 유발할 수도 있다. 환경부는 2009년부터 비둘기를 유해 야생동물로 지정하여 잡아들이고 있다.

한때는 비둘기를 수입해서 풀어놓고 시청에서 공식적으로 키우기도 했지만 이젠 잡아들이고 있는데도 불구하고 비둘기는 여전히 많다. 서울에만 4~5만 마리가 살고 있다. 왜 그럴까? 원래 야생에서는 1년에 한두 번 번식하는데, 도시에서는 먹이가 풍부해서 1년에 5~6회까지 번식하기 때문이다. 두세 달에 한 번씩 번식을 하는 셈이다. 여기서 잠깐! 그런데 비둘기 새끼를 본 적이 있는가? 그 많은 비둘기 새끼들은 어디에 있을까?

한때 아이들 사이에서는 참새가 바로 비둘기 새끼라는 이야기가 널리 퍼졌다. 커다란 비둘기 두 마리 주변에 작은 참새 수십 마리가 함께 앉아서 버려진 과자 부스러기를 쪼아 먹는 장면을 쉽게 볼 수 있기 때문이다. 참새와 비둘기는 먹이를 두고 경쟁하지 않는다. 먹을 게 워낙 많기 때문이다.

우리가 비둘기 새끼를 보지 못한다는 데에 바로 아무리 잡아도 비둘기가 줄지 않는 이유가 있다. 비둘기는 종탑처럼 사람과 다른 동물들이 접근하지 못하는 은밀한 곳에 둥지를 짓고 알을 낳아 새끼를 키운다. 그런데 우리는 새끼 비둘기뿐만 아니라 청소년 비둘기도 본 적이 없다. 비둘기 새끼는 다른 새에 비해서 둥지를 늦게 떠나기 때문이다. 30~40일 정도를 둥지에 머문다. 이때쯤 되면 도시에서 보는 여느 비둘기와 비슷한 크기다. 우리는 청소년 비둘기를 보면서도 알아채지 못한다. 양육 기간이 길다는 것은 똑똑한 동물이라는 뜻이다.

사실 비둘기보다 도시에 더 잘 적응한 새는 참새다. 참새는 인간과 함께 퍼져서 극지방을 제외한 모든 지역에서 산다. 적응력과 번식력이 엄청나다. 내가 어릴 때 시골에서는 가을이 되면 아이들은 놀지 못하고 참새를 논에서 쫓아내야만 했는데 그 많은 참새를 당해낼 수가 없었다.

도시는 새가 살아가기에 좋은 환경이 아니다. 도시에서 살기 위해서는 새로운 것을 겁내지 않고 호기심을 보이며 여럿이 함께 모이기를 좋아하는 사회적인 성격이 필요하다. 이런 성격은 문제 해결에도 유리하다. 적당한 수의 무리가 모여야 어려운 문제를 잘 해결할 수 있다. 참새뿐만 아니라 도시에 적응한 까마귀, 찌르레기, 비둘기들은 도시라는 학습 기계 속에서 더 똑똑해졌다.

지구 온난화로 지구 환경이 급속히 변하고 있다. 자연에 살고 있는 많은 종류의 새들은 점점 살아갈 곳을 잃어갈 것이다. 하지만 도전, 혁신, 대담함을 갖춘 도시의 똑똑한 새들은 인간만큼이나 새로운 환경에 적응해나갈 것이다. 참새와 비둘기는 서로의 이야기를 알아듣지 못한다. 하지만 둘다 인간 사회를 충분히 이해하고 있다. 그들 속에서 우리가 어떻게 건강하게 살아갈 것인지 고민할 때다. 우리도 참새와 비둘기를 이해해야 한다.

코끼리를 구한 플라스틱

1867년 〈뉴욕타임스〉는 상아에 대한 인간들의 그칠 줄 모르는 탐욕으로 코끼리가 멸종위기에 이르렀다고 보도했다. 당시에는 단추, 상자, 피아노 건반에 이르기까지 코끼리 상아가 사용되었다. 가장 중요한 사용처는 당구공이었다. 당구공용 상아를 조달하다가 코끼리가 멸종할지도 모른다고 걱정할 정도였다. 〈뉴욕타임스〉 기사는 이렇게 끝을 맺었다.

"코끼리가 더 이상 존재하지 않게 되기 전에 적절한 대체재가 발견되어야 한다."

1906년 오 헨리(1862~1910)는 단편소설 「크리스마스 선물」을 발표했다. 가난한 부부가 있었다. 남편은 물려받은 시계가 자랑거리였고, 아내는 아름다운 머리카락이 자랑거리였다. 크리스마스가 되자 아내는 자신의 탐스러운 머리카락을 팔아서 남편이 소중히 여기는 시계에 달 시곗줄을 산다. 남편은 아내를 위해 그 시계를 팔아서 아내가 원하던 머리빗을 산다. 안타까운 이야기다. 고등학교 시절 삼중당 문고를 읽던 나는 의아했다. 그깟 빗을 사려고 시계를 팔아야 한다는 게 말이 되는가 말이다.

같은 해 영국 물리학자 조지프 존 톰슨(1856~1940)은 전자를 발견한 공로로 노벨 물리학상을 받았다. 전기의 정체가 밝혀지면서 전기 산업이 급속도로 발전하였고 전깃줄을 감쌀 절연체가 필요했다. 이때 사용된 것은 셸락. 셸락은 암컷 깍지벌레가 분비하는 점성 물질이다. 3만 마리의 깍지벌레가 6개월 동안 분비한 수지에서 얻을 수 있는 셸락은 겨우 1킬로그램에 불과했다. 아무리 벌레가 많아도 전기 산업의 발전을 감당할 수는 없을 것 같았다.

그런데 지금은 코끼리 멸종을 걱정하지는 않는다. 빗은 하찮은 물건이 되었으며 전깃줄도 얼마든지 만들 수 있게 되었다. 그 사이에 무슨 일이 있었던 것일까?

1930년대에 새로운 물질이 등장했다. 베이클라이트, 폴리스티렌, 스티로폼, 나일론, 테플론, 케블라, 비닐 등 정체는 모두 달라도 플라스틱으로 통칭할 수 있는 물질이 생긴 것이다.

플라스틱은 누구나 누릴 수 있는 유토피아를 약속할 것처럼 보였다. 하지만 전쟁이 났다. 제2차 세계대전 중 플라스틱을 군대가 독점했다. 장군에서 사병까지 모든 미군은 길이 13센티미터짜리 플라스틱 빗이 들어 있는 위생세트를 배급받았다. 박격포 퓨즈, 낙하산, 항공기 부품, 안테나 커버, 포탑, 원자폭탄 등 셀 수 없는 곳에 플라스틱이 쓰였다. 전쟁 중 플라스틱 생산은 네 배로 급증했다.

그리고 전쟁이 끝났다. 거대해진 플라스틱 산업은 새로

운 시장이 필요했다. 호텔, 항공사, 철도 회사를 비롯한 많은 기업들이 회사 이름이 찍힌 빗을 공짜로 나눠주기 시작했다. 플라스틱 그릇, 인조가죽 의자, 아크릴 전등, 비닐 랩, 비닐 속지, 쥐어짜는 병, 바비 인형, 운동화, 유아용 컵이 등장했다. 플라스틱은 허드렛일에서 사람들을 해방시켜주었다. 문명은 석기시대와 철기시대를 지나 플라스틱시대에 이르렀다.

상아 때문에 코끼리가 멸종할지 모른다고 걱정한 〈뉴욕타임스〉의 보도가 나온 지 딱 100년이 되던 1967년, 무명 배우 더스틴 호프먼을 일약 스타로 만들어준 영화가 발표되었다. 사이먼 앤 가펑클의 노래 〈미세스 로빈슨〉과 〈더 사운드 오브 사일런스〉가 삽입된 바로 그 영화다. 원제는 '졸업생'이지만 우리나라에서는 〈졸업〉이란 제목으로 상영되었다.

나는 이 영화를 1987년에야 처음 보았다. 영화는 세 장면에서 충격적이었다. 첫 번째 장면은 남자 주인공이 여자 주인공의 엄마와 불륜을 저지르는 것. 얼마나 충격적이었는지 우리말 자막에는 차마 '엄마'라고 옮기지 못하고 '이모'라고 나올 정도였다. 두 번째 장면은 결혼식장에 난입해서 신부를 탈취하여 사랑의 도피를 하는 결말. 보는 내가 얼마나 신났던지! 가장 인상적이었던 세 번째 장면은 영화 초반에 나온다. 대학을 갓 졸업하고 진로를 아직 정하지 못한 남자 주인공에게 아버지의 친구가 전도유망한 직업에 대해 이야기한다. "딱 한마디로 말하면, 플라스틱이 대세야." 이때 주인공은 이 조언이 마뜩치 않았다.

그렇다. 1967년에 이미 플라스틱은 젊은이에게 새로운 지평을 열어주는 가능성이 아니라 단조롭고 답답하고 위선적인 미래였다. 하지만 영화가 나온 지 반세기가 지났지만 우리는 여전히 플라스틱에 빠져 있다.

2018년 2월 스페인 남부 해안에서 향고래 한 마리가 죽은 채 발견되었다. 길이 10미터, 무게 6톤의 젊은 수컷 고래의 사인은 플라스틱. 주로 오징어를 잡아먹는 향고래 뱃속에 무려 29킬로그램이나 되는 플라스틱 쓰레기가 들어 있었다. 플라스틱이 위장과 창자를 막아 장 안쪽에 세균과 곰팡이가 살면서 복막염을 일으킨 것이다. 북태평양에는 한반도 16배 크기의 거대한 플라스틱 쓰레기 섬이 있다.

우리는 플라스틱 없이 살 수 없다. 플라스틱이 없으면 야생 동식물이 남아나지 않을 것이다. 그런데 플라스틱을 너무 많이 쓰다보니 또 다른 문제가 생겼다. 아파트 단지마다 비닐 쓰레기가 쌓이고 있다. 새로운 기술이 필요하다. 그러나 그 전에 일단 줄여야 한다. 코끼리를 구한 플라스틱이 고래를 잡고 있다.

해적보다, 고래잡이보다 나쁜 놈

"우리는 악마의 소굴이라고 하면 딱 맞을 해안을 이루고 있는, 암울하기 그지없는 부서진 검은 용암더미 땅에 상륙했다. 우리가 이 바위에서 저 바위로 허둥지둥 나아갈 때 수많은 게와 추한 이구아나들이 사방에서 활동을 개시했다."

선장이 말했다. 그와 함께 배를 타고 항해하는 자연학자의 느낌도 다르지 않았다.

"우리가 지옥 중에서 조금 나은 부분을 상상하면 떠오르는 모습과 비슷했다."

뿌리와이파리 출판사에서 나온 『다윈 평전』의 한 부분이다. 1,352쪽에 달하는 지독하게 두꺼운 책에서 희한하게도 이 장면이 가장 인상적이었다. 갈라파고스 제도 이야기다. 푸른발얼가니새와 거대육지거북이 사는 섬. 펠리컨이 생선 가게에 마실 가고 바다사자가 벤치에서 낮잠 자는 섬. 그랜트 박사 부부가 핀치의 부리를 연구하는 섬. 마치 파라다이스로 여겨지는 곳인데 정작 갈라파고스를 세상에 널리 알린 찰스 다윈과 비글호 선장은 갈라파고스에 대해 악담을 퍼부었다.

궁금했다. 그래서 직접 가봤다. 파나마 운하를 방어하기 위해 미군이 건설한 비행장에 내리는 순간 벌써 답답했다. '아! 피츠로이와 다윈이 본 게 바로 이것이구나!' 사람이 살기에는 척박한 곳이다. 하지만 동물에게는 다르다.

갈라파고스는 13개의 큰 섬과 100여 개의 작은 섬과 암초로 된 제도다. 다윈은 "이 지글지글 타는 뜨거운 제도는 온갖 파충류의 낙원"이라고 했다. "역겨울 만큼 못생긴" 수많은 이구아나들이 해안의 바위에서 낮잠을 자기에는 완벽한 환경이다. 이구아나만 많은 게 아니다. 바다거북들이 만을 미끌어지듯 헤엄치며 숨을 쉬기 위해 고개를 쑥 내밀고, 내륙의 거대육지거북이 물이 고인 웅덩이 주변으로 모여드는 장면을 심심치 않게 볼 수 있다. 갈라파고스라는 이름은 '안장(鞍裝)'이라는 뜻의 스페인어다. 이곳에 사는 육지거북의 모습이 마치 말안장처럼 생겼다고 해서 붙은 이름이다.

갈라파고스는 사람이 살기에 절대 좋은 곳이 아니다. 하지만 세상에 사람이 못 살 곳이 어디에 있겠는가. 갈라파고스는 해적의 은신처 역할을 하다가 포경선의 기지가 되었으며 죄수들의 수용소가 되었다. 포식자를 경험하지 못했던 동물들은 사람 앞에서 속수무책이었다. 사람들은 모피를 팔기 위해 물개를 사냥하고 항해 중 먹을 신선한 육류를 얻기 위해 육지거북을 포획했다. 태평양을 건너는 배들은 갈라파고스에 들러 수백 마리의 육지거북을 잡아갔다. 해적보다 정착민이 데려온 소, 염소, 개와 덩달아 따라온 쥐의 피해가 더 컸다. 외래 동물은 갈라파고스 생물들에게 치명적이었다. 수십만 마리에 달하던 육지거북이 1974년에는 1만 마리만 남았다.

그나마 사람에게는 '반성'할 줄 아는 심성과 '복원'할 줄 아는 기술이라는 장점이 있다. 다행이다. 산타크루스 섬의 찰스 다윈 연구소에서는 육지거북을 비롯한 갈라파고스에 사는 온갖 동식물에 관한 연구를 하고 있고, 가장 큰 섬인 이사벨라 섬에는 거대거북짝짓기센터가 있다. 여기에서 육지거북을 복원하고 있다.

수컷이 조금 더 크고 (생식기 역할을 하는) 꼬리가 훨씬 길다. 또 수컷의 복갑(아래쪽 껍질)은 살짝 오목해서 암컷의 등에 올라타기 좋게 되어 있다. 그래도 짝짓기가 쉽지는 않다. 나는 운 좋게 그 장면을 목격했다.

암컷은 수십 센티미터 구덩이를 파고 알을 낳는다. 이걸 그대로 놔두면 생존율이 낮다. 그래서 그 알을 부화기로 옮겨온다. 이때 알에 표시를 해서 그 위치와 모양이 바뀌지 않게 한다. 자연에서는 육지거북의 알둥지를 덮고 있는 흙이 금방 단단해진다. 160일 후 알에서 깨어난 새끼가 단단하게 덮인 흙을 뚫고 나오는 데 무려 한 달이 걸린다. 그동안 아무것도 먹지 못하고 물도 마시지 못한다. 부화기에서 깨어난 새끼에게도 마찬가지로 한 달 동안 물과 먹이를 주지 않는다. 최대한 자연의 상태를 유지시키기 위한 것이다. 여기서 살아남은 육지거북은 드디어 길고 느린 삶을 시작하게 된다.

섬마다 살고 있는 거북의 등갑 모양이 다르다. 종이 다른 것이다. 그런데 사람들이 여기저기 섞어놓았다. 잡종이 생겼고 어떤 종은 멸종되었다. 하지만 아직 열두 종이 남아 있다. 거대거북짝짓기센터 과학자들은 아직은 늦지 않았다고 강조한다. 인간의 노력에 따라 아직까지는 육지거북을 보존할 기회가 있다는 것이다. 실제로 1960년에는 단 열네 마리만 남아 있던 에스파뇰라 섬에서 현재 1,100마리 이상이 살고 있다.

그런데! 최근 짝짓기센터에서 123마리의 새끼를 도둑맞았다. 하필 가장 심각한 멸종위기에 처한 두 종이었다. 키우고 싶은 사람이 있으니 도둑이 있는 거다. 굳이 자기 집 정원에서 갈라파고스 거북을 키우고 싶은 그 사람이 거북을 얼마나 좋아하는지는 모르겠지만 생태계에는 방해만 되는 사람이다. 인간은 생태계에 고슴도치 같은 존재다. 좋아한다면 거리를 두어야 한다. 그래야 나란히 갈 수 있다. 갈라파고스 거북은 갈라파고스에 있으면 된다. 자기 집 마당이나 동물원이 아니라.

21세기에 거북 도둑이라니… 해적보다, 고래잡이보다 나쁜 놈이다.

산업혁명과 향고래

서해안에 태풍이 몰아치든, 서울 한복판에서 군사 쿠데타가 일어나든, 내가 대학 입학에 실패하든 놓치지 않은 TV 프로가 하나 있었다. 지금은 폐지된 〈명화극장〉이 바로 그것. 한참 재수를 하던 1982년 한여름에 그레고리 펙이 주연을 맡은 〈모비 딕〉을 아주 인상 깊게 봤다.

그레고리 펙은 포경선의 에이허브 선장 역할을 맡았다. 선장은 예전에 흰 고래에게 한쪽 다리를 잃었다. 그리고 그 고래에게 '모비 딕'이라는 이름을 붙였다. 선장은 일등 항해사 스타벅, 바다를 동경하는 가난한 청년 이스마엘 등의 선원들과 함께 크리스마스에 출항한다. 목표는 단 하나. 모비 딕을 잡아 복수하는 것. 하지만 모비 딕과의 싸움에서 이스마엘만 살아남고 모두 다 장렬하게 죽고 만다.

그레고리 펙처럼 잘생긴 배우가 아무리 강렬한 연기를 펼쳐도 나는 에이허브 선장보다는 모비 딕 편에 설 수밖에 없었다. 인어 아가씨와 함께 흰 돌고래가 나오는 만화영화 〈바다의 왕자 마린보이〉에 심취해 있었기 때문이다. 그런데 미국 사람들은 어떻게 고래에 미친 에이허브 선장에게 감정이 입을 할 수 있었을까?

영화의 원작소설 『모비 딕』이 출간된 시대에서 그 힌트를 얻을 수 있다. 산업혁명이 한창이던 1820년 11월 20일 태평양 한가운데에서 포경선 에식스호가 어떤 큰 고래와 충돌해서 침몰했다. 『모비 딕』은 이 사건에 영감을 받은 허먼 멜빌(1819~1891)이 1851년에 발표한 소설이다.

산업혁명이 없었다면 사람들은 『모비 딕』의 주인공인 에이허브에게 감정이입할 수 없었을 것이다. 그냥 넘치는 복수심에 미친 사람이었을 것이다. 1760년부터 1820년 사이에 영국에서는 하루가 멀다 하고 새로운 제조 기술이 등장했다. 석탄을 사용하는 증기기관의 등장과 맞물리면서 이른바 제1차 산업혁명이 일어난 것이다. 산업혁명은 전 유럽과 대서양을 건너 미국까지 번져나갔다.

희한하다. 혁명이 일어나면 노동 시간은 길어진다. 1만 2000년 전 농업혁명이 일어났다. 한번 사냥을 잘하면 온 식구가 며칠이나 먹을 수 있던 구석기시대 사냥꾼의 편한 삶에 비해 신석기시대 농사꾼의 삶은 고되었다. 유골로 남은 발가락은 비틀어지고, 무릎은 관절염에 걸려 구부러지고, 허리는 굽었다. 19세기 산업혁명도 마찬가지였다. 산업혁명을 이룬 나라에서는 공장과 사무실을 밤늦게까지 가동했다. 기계를 시원하게 돌리기 위해서는 윤활유가 필요했다. 밤늦게까지 일하기 위해서는 환하게 불을 밝혀야 하는데 아직 전기가 없었다. 하지만 아무런 문제가 없었다. 그들에게는 향고래가 있었기 때문이다.

모비 딕의 정체가 바로 향고래다. 서대문자연사박물관 로비 천장에 매달려 있는 바로 그 고래다. 향고래는 아래턱에만 이빨이 남아 있는 이빨고래다. 몸길이는 대략 20미터, 수컷 몸무게는 35~70톤 정도다. 몸길이의 3분의 1을 차지하고 있는 뭉툭한 머리가 특징이다. 뭉툭한 머리는 기름으로 채워져 있다. 이 기름은 온도 변화에 민감하다. 차가운 공기에 노출되면 기름이 차가워지면서 액체 상태였던 기름이 고체로 바뀐다. 고체는 물보다 밀도가 높아서 향고래가 쉽게 잠수할 수 있게 해준다. 머리를 아래로 향해 곧추세우면 수직으로 잠수할 수 있다. 3,000미터까지 잠수해서 오징어나 대왕오징어를 잡아먹는다. 향고래는 300기압을 견디는 셈이다.

향고래 생태의 비밀은 바로 머리 기름에 있다. 사람이 관심을 가지는 것도 바로 그 기름이다. 산업혁명기에 향고래는 윤활유와 등유의 원천이었다. 오죽하면 향고래라는 원래 이름보다 굳이 기름을 강조한 '향유고래'라는 이름이 더 널리 알려졌겠는가. 영어로는 스펌 웨일(sperm whale)이라는 이름으로 불릴 정도로 새하얀 기름이 가득하다. 이게 바로 에이허브 선장에게 감정이입하는 이유다. 산업역군 에이허브 선장! 향고래가 없었다면 산업혁명은 한참 더 늦어졌을 것이다. 실제로 1846년만 해도 포경은 가장 빠르게 확장되는 산업이었다. 미국에서는 다섯 번째로 규모가 큰 산업이었다.

하지만 곧 산업이 기울기 시작했다. 고래 공급이 급격히 줄었기 때문이다.

향고래는 원래 동해에도 살았다. 울산 반구대 암각화에도 두 마리가 새겨져 있을 정도다. 하지만 사라졌다. 2004년에는 70년 만에 동해안에서 발견되었지만 그 후 다시 나타난 적이 없다. 향고래만이 아니다. 귀신고래는 1977년 울산 앞바다에서 발견된 이후로 나타나지 않는다. 어디 갔냐고? 솔직히 말하자. 다 잡아먹었다. 우리의 불법은 오늘도 계속되고 있다. 4차 산업혁명 시대에 무슨 고래 기름이 필요하겠는가. 고래 고기만 먹지 않으면 된다.

『모비 딕』은 거의 잊힌 소설이다. 하지만 우리는 지금도 여전히 모비 딕의 영향권 아래에서 살고 있다. 전 세계 76개 나라에서 3만 개가 넘는 매장을 운영하고 있는 커피전문점 스타벅스를 매일 보고 있지 않은가. 스타벅스는 별(star) 벌레(bugs)라는 뜻이 아니라 『모비 딕』의 일등 항해사 스타벅(Starbuck)에서 따온 이름이다. 별다방을 지날 때마다 향고래 모비 딕을 떠올려보는 것은 어떨까?

있지도 않은 호랑이

나는 어릴 때 학교에서 한반도는 토끼처럼 생겼다고 배웠다. 나쁘지 않았다. 실제로 토끼가 두 다리로 서 있는 모습과 비슷했고 토끼는 왠지 평화를 사랑하는 동물처럼 여겨졌기 때문이다. 그런데 어느 날부터인가 한반도를 토끼처럼 보는 것을 나약하고 외세 의존적인 자세로 여기는 풍조가 생겼다. '맹호기상도'가 나왔기 때문이다. 한반도를 포효하는 호랑이의 모습으로 그린 그림이었다. 알고 보니 맹호기상도의 전통 역시 오래되었다. 1908년 〈소년〉 창간호에 최남선이 호랑이 모습의 한반도 형상도를 그린 것에서 유래한 것이었다. 물론 토끼 형상에 대한 반발이었다. 뭐, 나쁘지 않았다. 내 나라 땅 모양이 토끼처럼 도망이나 다녀야 하는 동물보다는 숲의 왕인 호랑이처럼 생겼다니 뿌듯하기도 했다.

많은 사람들이 호랑이를 우리나라의 상징 동물처럼 여긴다. 대한민국 축구 국가대표팀의 가슴에는 호랑이가 붙어 있다. 호랑이는 애국심의 다른 이름이다. 하지만 우리는 정작 동물원 밖에서는 호랑이를 실제로 본 적이 없다. 적어도 우리나라에는 호랑이가 살고 있지 않다. "호랑이는 천연기념물이 아닙니다"라고 얘기하면 대뜸 반발한다. "아니, 호랑이를 천연기념물로 지정하지 않으면 도대체 어떤 동물이 천연기념물이란 말입니까. 호랑이는 분명히 천연기념물입니다"라고 큰소리친다. 과연 그럴까?

천연기념물이라는 개념을 처음 만든 사람은 독일의 탐험가 알렉산더 폰 훔볼트(1769~1859)다. 1800년의 어느 날 베네수엘라 북부에 있는 어떤 호수 근처를 지나던 훔볼트는 1.6킬로미터 떨어진 곳에 있는 거대한 나무를 발견하였다. 가까이 가서 확인해보니 유럽의 자귀나무와 비슷했다. 그런데 나무의 키는 18미터에 이르렀고 가슴 높이의 지름은 9미터였으며 펼쳐진 나뭇가지의 길이는 59미터에 달했다. 물론 훔볼트가 발견하기 전에도 그 나무는 지역에서 유명한 노거수(老巨樹)였다.

노거수의 장엄한 모습 앞에서 훔볼트는 자연생물에 대한 경외심을 품을 수밖에 없었다. 훔볼트는 후에 『신대륙의 열대지방 기행』을 집필하면서 '천연기념물'이란 말을 처음 사용하였다. 당시 유럽은 산업혁명이 일어나면서 자연의 모습이 농사와 목축이 주산업인 이전 시대와는 전혀 다른 형상을 띠게 되었다. 그러자 자연보호를 주창하는 사람들이 속속 등장했다. 마침내 1906년 독일에서는 '프로이센 천연기념물 보호관리 국립연구소'가 세워졌는데 이 연구소의 활동원칙에 따르면 천연기념물이란 "특색 있는 향토의 자연물로서 지역의 풍경·지질·동물 등 무엇이든 그 본래의 장소에 존재하는 것"을 말한다.

우리나라는 1962년 제정된 '문화재보호법'에 따라 천연기념물을 보호하고 있다. 천연기념물에는 동물과 식물만 있는 것이 아니다. 그들의 서식지와 광물, 화석, 동굴, 지형과 지질도 천연기념물이 된다. 단 반드시 제자리에 있어야 한다. 천연기념물로 지정하는 이유는 보호하기 위해서다. 그런데 이미 사라지고 없으면 보호를 할 수가 없다. 호랑이는 이미 우리나라에서는 멸종했다. 따라서 천연기념물이 될 수가 없다.

멸종위기종도 마찬가지다. 한반도에 살고 있는 생물 중 자연적인 생태계 변화나 인간의 활동으로 인해 수가 매우 적거나 줄어들고 있는 생물들을 멸종위기 야생생물로 지정하여 보호하고 관리하고 있다. 그렇다면 크낙새는 멸종위기종일까? 2017년 7월 12일까지는 그랬다. 하지만 7월 13일부터 크낙새는 더 이상 멸종위기종이 아니다. 크낙새는 길이가 45센티미터에 이르는 대형 딱따구리과의 새로서 백두산 이남의 한반도에서만 서식한다. 하지만 크낙새가 2004년 강원도에서 관찰된 이후 단 한번도 관찰되지 않자 환경부는 크낙새를 멸종위기종 목록에서 제외했다. 크낙새는 멸종위기에 놓인 게 아니라 이미 멸종한 생물이라고 판단한 것이다. 현재 멸종위기종은 267종이다.

우리나라에 국립자연사박물관이 있을까? 서대문자연

사박물관이 국립자연사박물관 아니냐고? 아니다. 서대문자연사박물관은 최고의 박물관이기는 하지만 국립이 아니라 서대문구가 운영하는 구립박물관이다. 우리나라에는 놀랍게도 국립자연사박물관이 없다. 웬만한 나라치고 국립자연사박물관이 없는 유일한 나라다. 외국인들이 많이 놀란다. 자연사박물관은 멸종을 연구하는 곳이다. 이유는 간단하다. 우리 인류가 더 지속 가능한 방법을 연구하기 위해서다. 국립자연사박물관 건립이 늦어지는 까닭은 그곳을 단순한 전시관으로 보기 때문이다. 국립자연사박물관은 자연사를 연구하는 곳이어야 하며 전시는 오히려 부차적인 기능이라고 봐야 한다.

최남선은 한반도의 형상을 "용맹스러운 호랑이가 발을 들고 허우적거리면서 동아시아 대륙을 향하여 나르는 듯 뛰는 듯 생기 있게 할퀴며 달려드는 모양"이라고 설명했다. 좀 솔직해지자. 맹호기상도의 호랑이는 매우 불편한 자세를 하고 있다. 포효하기는커녕 신음할 것 같은 자세. 호랑이는 이제 우리나라에 없다. (그래서 복원 사업을 하고 있다.) 없는 호랑이를 우리나라의 상징으로 삼으려 할 게 아니라 남아 있는 생물자원을 보호하려는 자세가 필요하다.

돌고래를 추적하는 젊은이들

공룡 시대에 포유류는 대개 생쥐만 한 크기로 야행성 생활을 했다. 어쩌다가 몸집이 어중간하게 큰 놈, 낮에 돌아다닌 놈들도 있었을 것이다. 이런 놈들은 공룡 눈에 잘 띄어서 좋은 먹잇감이 되었을 테다. 그러니 살아남지 못했다. 야생에서는 덩치가 작으면 숨어 지내는 게 상책이다.

포유류가 몸집을 키운 것은 공룡이 멸종한 다음의 일이다. 몸집을 키우려면 제대로 키워야 한다. 그래야 맹수들에게 먹잇감으로 취급당하지 않는다. 또 스스로 체온 유지를 해야 하는 포유류가 에너지 효율을 높이는 데는 몸집을 키우는 게 유리하다. 땅 위에는 코끼리, 기린, 코뿔소 같은 거대한 동물이 생겨났다. 바다를 새로운 터전으로 삼은 포유류도 전략은 같았다. 최대한 몸집을 키우는 거다. 바다사자와 바다코끼리 같은 기각류, 매너티와 듀공 같은 바다소류, 그리고 고래와 돌고래 같은 고래류가 생겨났다. 덩치가 큰 동물들에게 신생대 지구는 낙원이었다. 인류가 등장하기 전까지는 말이다.

인류가 등장한 후 거대한 해양 포유류는 인간들에게 그저 넉넉한 먹잇감이었다. 그런데 어느 날부터인가 사람들은 이 거대 포유류를 잡아먹는 대신 그들에게 쇼를 시키기 시작했다. 여기서 잠깐! 물개 쇼에는 물개가 없다는 사실을 아는가? 물개 쇼에는 물개 대신 바다사자가 등장한다. 물개(바다표범, 물범)는 육상동물의 귀처럼 생긴 귀가 없고 그냥 구멍만 있다. 짧은 앞다리는 털로 덮여 있으며 발톱이 길다. 뒷다리는 몸 뒤쪽을 향해 있어서 땅에서 걷지 못하고 기어 다닌다. 이에 반해 물개 쇼에 등장하는 바다사자는 귀 덮개가 있고 긴 앞발은 피부로 덮여 있고 발톱이 짧다. 뒷다리는 몸통 아래로 회전할 수 있어서 땅 위에서 걸을 수 있다.

물개도 없는데 왜 물개 쇼라고 할까? 우리가 자연에서 바다사자를 보지 못했기 때문이다. 우리나라 바다에는 바다사자가 단 한 마리도 없다. 물론 원래 그랬던 것은 아니다. 독도는 '강치'라는 바다사자의 천국이었다. 일제강점기에 기름과 가죽을 얻기 위해 마구잡이로 포획했다. 독도강치는 1974년 북해도에서 마지막으로 포획된 후 지구에서 자취를 감췄다.

바다사자보다 체구가 작은 물개는 우리나라 바다에도 산다. 점박이물범이 바로 그것이다. 바다표범 가운데 가장 작은 종인 점박이물범은 번식을 하기 위해 포식자 상어를 피해서 서해안에 왔다. 하지만 착각이었다. 상어보다 더 무서운 생물이 살고 있었다. 해구신(물개의 음경과 고환을 건조시킨 한약재)을 정력제로 믿고 있는 사람들이 더 큰 위협이었다. 1940년대만 해도 서해안에 8,000마리가 살았는데 1980년대에 2,300마리로 줄었다. 결국 1982년 점박이물범도 멸종 위기종으로 지정되었다. 최근에는 200마리 정도가 한여름에 백령도에서 관찰될 뿐이다.

물개 쇼에 물개가 없는 것처럼 고래 쇼에는 고래가 없다. 고래는 가둬놓고 쇼를 시키기에는 너무 크기 때문이다. 몸길이 4~5미터를 기준으로 이보다 큰 것은 고래, 작은 것은 돌고래라고 한다.

고래는 대부분 수염고래다. 이빨 대신 위턱에 달린 고래수염으로 작은 고기나 새우 같은 먹이를 물에서 걸러 먹는다. 대왕고래(흰긴수염고래), 귀신고래, 참고래, 혹등고래, 밍크고래가 여기에 속한다.

나머지는 이빨고래다. 이빨고래 가운데도 큰 종류들이 있다. 향유고래는 몸길이가 20미터나 될 정도로 크다. 허먼 멜빌의 소설 『모비 딕』에 등장하는 바로 그 고래다. 영화 〈프리 윌리〉에 등장하는 범고래도 이빨고래다. 몸길이가 6~8미터 정도로 바다 속 최고 포식자에 속한다.

범고래는 고래 쇼에 등장한다. 하지만 정식 명칭은 흰줄박이돌고래. 역시 고래 쇼에는 고래가 없다. 고래 쇼에는 흰줄박이돌고래, 흰돌고래(벨루가), 남방큰돌고래 같은 돌고래들만 등장한다. 제주도 주변에 1년 내내 머물고 있는 120여 마리의 남방큰돌고래 가운데는 2013년 바다로 돌아간

제돌이를 비롯한 일곱 마리의 방류 돌고래가 포함돼 있다. 이 가운데 삼팔이와 춘삼이 그리고 복순이는 새끼도 낳았다. 돌고래는 40년 이상을 산다. 이들에 대한 지속적인 연구가 필요하다.

세 명의 용감한 젊은이들이 나섰다. 제돌이 방류 과정부터 참여한 장수진, 김미연 연구원과 최근에 합류한 하정주 연구원이 그 주인공. 이들은 학위를 마친 다음에도 돌고래의 행동 생태를 연구하기 위해 해양동물생태보전연구소(MARC)를 세웠다.

배필이란 무엇인가?

우리 집에는 세 딸이 산다. 다행이라기보다는 자연의 원리대로 나를 전혀 닮지 않은 나이 지긋하신 따님은 이미 좋은 배필을 만나 행복하게 살고 있다. 유감스럽게도 유전자의 힘을 거역하지 못하고 나를 빼닮은 두 딸은 언젠가는 배필을 만나야 한다. 가만, 그런데 배필이란 무엇인가? 배필은 많이 들어본 말이지만 이번에 사전에서 처음 찾아봤다. 配匹이라고 쓴다. 짝 배, 짝 필. 사전에는 '부부로서의 짝'이라고 간단히 나온다. 그냥 짝이라고 하면 충분한 말이다.

그렇다면 배필, 그러니까 짝은 누가 찾는가? 38억 년 전 지구에 최초의 생명이 출현했을 때 그 누구도 짝을 찾을 엄두를 내지 못했다. 그저 스스로 자신을 복제하는 데 만족했다. 짝짓기를 하는 유성생식은 불과 10억 년 전에야 시작됐다. 배필을 찾아 짝을 짓는 행위는 비밀스러운 일은 아니지만 그 누구의 도움을 받아서 할 수 있는 일이 아니었다. 외로운 투쟁이었다. 남이 배필을 찾아주는 종은 지구에 단 한 종, 바로 호모 사피엔스 사피엔스, 즉 현대인뿐이다. 그 외 모든 지구 생명은 스스로 짝을 찾는다.

최종적인 배필 결정권은 수컷이 아니라 암컷에게 있다. 이유가 있다. 짝짓기야말로 생명의 지고지순한 사명이다. 짝짓기에는 분명한 목적이 있다. 짝짓기 행위 자체에 목적이 있는 게 아니다. 자신의 유전자를 물려받은 후손을 남겨야 한다. 쉬운 일이 아니다. 짝짓기는 당장의 쾌감이라는 보상으로 만족하기에는 에너지가 너무 많이 든다. 또 순간적으로 자신을 위험에 노출시키므로 목숨을 걸어야 하는 경우도 있다. 특히 암컷은 긴 임신과 양육 기간을 혼자 감당해야 한다. 따라서 암컷은 짝짓기에 신중할 수밖에 없다.

암컷을 놓고 싸우는 수컷들이 많다. 아이들이 '박치기 공룡'이라는 애칭으로 부르는 파키케팔로사우루스라는 공룡이 있다. 돔 모양의 두개골은 두께가 20센티미터에 달한다. 이 두개골로 박치기하며 겨뤘다. 암컷을 차지하기 위해서다. 현생 동물인 큰뿔양도 마찬가지다. 큰뿔양의 뿔은 길이가 1.5미터, 무게가 14킬로그램에 달한다. 발정기가 되면 암컷을 두고 다툰다. 수컷 두 마리가 10미터 밖에서 달려와서 큰 뿔로 서로 받아 박치기를 한다. 목숨을 걸고 결투를 한다. 물론 한 마리가 죽을 때까지 싸우지는 않는다. 밀린 수컷은 깨끗하게 승복하고 그 자리를 떠난다. 동물들은 정말 신사적이다.

이제 이긴 수컷은 짝짓기를 하게 될까? 꼭 그렇지는 않다. 다른 수컷에게 이겨봤자 암컷이 선택하지 않으면 말짱

헛짓이다. 다른 암컷을 찾아가서 그 앞에서 또 다른 수컷과 겨뤄야 한다. 다른 수컷과의 경쟁에서 승리한다고 해서 짝짓기가 담보되지는 않는다. 결정권을 가진 암컷은 신중하다. 왜? 암컷은 수컷과 달리 자손을 위해 투자해야 할 자원과 시간이 많이 필요하기 때문이다.

모든 동물의 수컷들이 처절하게 싸우는 것은 아니다. 그저 암컷에게 잘 보이기만 하면 되는 동물들도 있다. 뉴기니의 극락조들은 멋진 둥지를 짓는다. 팔도 없이 부리만으로 그 아름다운 집을 지으려니 얼마나 힘들겠는가. 둥지가 화려하다고 알을 낳아 키우기 좋은 것은 아니다. 하지만 암컷 마음에 드는 멋진 둥지를 지은 수컷만이 짝짓기 기회를 얻는다. 때로는 멋진 둥지 대신 화려한 춤과 노래를 자랑해야 하는 경우도 있다.

2018년 10월 17일자 〈프로시딩스 오브 로열 소사이어티〉지에는 518종의 새들이 짝짓기하는 방식을 연구한 옥스퍼드 생물학자들의 논문이 실렸다. 일정한 경향이 있었다. 수컷이 암컷보다 훨씬 아름다운 종의 경우 수컷의 노래 실력은 중요하지 않았다. 암컷과 수컷의 외모가 비슷한 경우에는 수컷의 음역이 훨씬 넓었다. 수컷은 집을 짓는 기술이나 노래 실력 또는 화려한 외모로 승부한다. 그런데 하나만 잘하면 된다. 하나에만 집중하면 된다. 암컷들은 오직 하나만 보고 배필을 결정한다.

현대인은 아주 특이한 생명체다. 스스로 배필을 정하는

경우도 있지만 많은 경우 주변 사람의 도움을 받는다. 결혼 중개업체가 소개한 이상적인 남편의 조건은 복잡하다. 4년제 대학을 졸업한 공무원이나 공사 직원으로서 연봉은 5,000만 원이 넘고 2억 7,300만 원의 자산을 이미 소유해야 하고 키는 177센티미터는 되어야 한다. 이런 조건을 갖춘 사람이 몇이나 되겠는가?

사람도 배필을 찾는 기준이 단순하면 좋겠다. 하지만 남성들이여, 새를 비롯한 자연을 부러워하지는 말자. 지구에 사는 모든 수컷 가운데 단 4~5퍼센트만이 짝짓기에 성공한다. 우리는 그들에 비하면 정말 복 받은 거다. 나를 선택해준 우리 장인어른의 따님이 정말 고마울 따름이다.

파나마 운하와 모기장

세계일주에는 시간이 얼마나 걸릴까? 마젤란(1480~1521)이 빅토리아호를 타고 인류 최초로 세계일주를 할 때는 1519년부터 1522년까지 1,080일이 걸렸다. 이후 다른 세계일주 항해가들도 2~3년의 시간이 걸렸다. 물론 그들에게는 빨리 가는 것보다 발견하고 빼앗는 게 더 중요하기는 했다.

시간이 획기적으로 줄어든 때는 『80일간의 세계일주』가 출판된 1872년 이후다. 쥘 베른(1828~1905)은 당시에 존재하는 모든 교통수단을 이용해서 지구를 한 바퀴 도는 데 80일이 걸릴 것이라고 계산했다. 이후 실제로 1889년에 미국인 기자 넬리 블라이(1864~1922)가 〈뉴욕 월드〉의 의뢰를 받아 최대한 짧은 시간 동안 세계일주에 도전했는데 이때 72일이 걸렸다. 그녀는 아메리카와 유럽에서는 증기선과 철도를 이용하고 아시아에서는 말과 당나귀, 인력거와 돛단배를 이용했다. 370년 사이에 세계일주 시간이 2년에서 10주로 단축된 것이다.

바다를 횡단하는 데는 여전히 장벽이 남아 있었다. 길

이가 무려 1만 5,000킬로미터에 이르는 아메리카 대륙이 바로 그것. 하지만 지름길을 만들 틈새가 있었다. 유럽인으로서는 처음으로 태평양을 눈으로 본 스페인 출신의 정복자 바스코 누녜스 데 발보아(1475~1519)가 1513년에 남북 아메리카 사이의 좁은 육교(陸橋)를 본 것이다. 발보아는 스페인 국왕 페르난도 2세(1452~1516)에게 이곳에 운하를 뚫으라고 권고했다. 하지만 왕은 거절했다. 육교가 잉글랜드와 포르투갈의 진입에 적절한 장벽이 될 것이고, 또 인간에게 운하가 필요했다면 아마 신이 먼저 그리 만들어놓으셨을 것이라는 믿음 때문이었다.

사람들이 어디 그리 얌전한 존재인가! 유럽에서 아시아로 진출할 때 굳이 아프리카를 빙 돌아서 가야 하는 게 성가셨던 유럽인들은 1869년에 지중해와 홍해를 잇는 수에즈 운하를 건설했다. 건설 책임자는 프랑스 외교관이자 기술자인 페르디낭 마리 드 레셉스(1805~1894). 수에즈 운하를 개통한 지 10년이 지난 1879년 레셉스는 당시 콜롬비아에 속해 있던 파나마 지협을 관통하는 운하 건설권을 획득했다. 길이 192킬로미터의 수에즈 운하를 뚫은 그에게 길이 82킬로미터의 파나마 운하는 우습게 보였다.

평평한 지도에서는 정작 중요한 정보를 놓치기 쉽다. 수에즈 운하의 경우 파내야 하는 육지의 최고점은 해발 16미터에 불과했다. 이에 반해 파나마 운하의 경우에는 50미터 이상인 곳이 8킬로미터가 넘었으며 심지어 102미터에 달하는 곳도 있었다. 이토록 많은 흙과 암석을 제거하는 일은 일찍이 역사에 없었다.

은행은 대출을 거절했다. 하지만 레셉스는 프랑스의 영웅이었다. 그는 프랑스인의 애국심에 호소했다. 8만 명의 프랑스인이 수에즈 운하 건설 비용의 두 배가 넘는 액수를 투자했다. 1880년 1월 1일 레셉스의 상징적인 곡괭이질로 세기의 건설이 시작됐다. 프랑스 기술자 3천 명과 카리브 제도 출신의 흑인 노동자 2만 명이 작업에 투여됐다.

프랑스인들은 파나마 지협에서도 프랑스식 삶을 영위하려고 했다. 그들은 주거지에 정원을 꾸미고 나무 주위에 원형의 도랑을 파고 물을 담았다. 개미로부터 나무를 보호하기 위해서다. 침대에 벌레가 올라오는 것을 막으려고 침대 다리도 물통에 담가놓았다. 그러면서 노동자들이 거주하는 오두막에는 방충망을 설치하지 않았다. 우기가 시작되자 황열병과 말라리아가 돌았다. 프랑스인들의 삶의 방식은 모기에게 최적의 환경이었던 것이다. 기술자와 노동자 2만 2천 명이 죽었다. 레셉스는 1888년 파산했으며 수만 명의 프랑스인이 저축을 날렸다.

1904년 미국 컨소시엄이 운하 건설을 다시 시작했다. 군의관 윌리엄 크로퍼드 고거스(1854~1920)의 지휘 아래 미 육군 공병대는 모기와의 전쟁을 시작했다. 그럼에도 불구하고 6,000명이 추가로 사망했다. 콜롬비아가 파나마 운하 공사에 비협조적으로 나오자 미국은 파나마 토착민을 후원해 그들이 독립해서 국가를 세우게 만들었다.

　　마침내 1914년 8월 15일 태평양과 대서양이 이어졌다. 태평양과 대서양의 바닷물이 만나서 춤을 췄다. 파나마 지협을 가로지르는 운하가 완공된 것이다. 파나마 운하는 미국 동부와 서부까지의 뱃길을 2만 4,100킬로미터에서 9,820킬로미터로 줄여줬다. 덕분에 파나마는 사실상 미국의 지배에 들어가게 됐다. 파나마는 2000년에야 파나마 운하 운영권을 겨우 갖게 됐다. 파마나 운하 완공일로부터 정확히 31년 후 한국은 일제 강점에서 해방됐다.

A4 용지와 닭

$\frac{1}{2}$, 1, $\sqrt{2}$, 2, 3, π. 이게 무슨 수열일까? 고등학교 때 수열을 배운 사람이라면 한번쯤 고민해볼 문제다. 그런데 아무런 규칙이 없다. 서울시 노원구 하계동에 있는 서울시립과학관의 층 표시일 뿐이다. 과학관 건물이 리본 형태로 꼬여 있어서 건물의 좌우 높이가 다르고, 거기에 따른 층수를 표기하다보니 지하층과 1층 사이에 $\frac{1}{2}$층, 1층과 2층 사이에 $\sqrt{2}$층, 3층과 옥상 사이에 π층이 놓이게 된 것이다.

　나름 재미있는 표시 방식인데 가끔 헷갈리는 아빠들이 계시다. 이분들은 '왜 $\sqrt{2}$층이 2층 아래에 있냐'고 따진다. $\sqrt{2}$가 2보다 크다고 착각하신 것. 이 점을 설명하면 '아니 π야 원둘레를 계산할 때 필요하지만 $\sqrt{2}$는 어디에 쓴다고 층수에 써서 사람 헷갈리게 하냐'고 핀잔을 늘어놓으신다. 뭐, 아이들 앞에서 살짝 망신을 당하신 그 심정을 이해한다.

　그런데 우리는 매일 $\sqrt{2}$를 사용한다. 바로 종이다. 우리가 일상생활에서 가장 많이 쓰는 종이는 A4 용지다. A4 용지 두 장을 가로로 이으면 A3가 된다. 마찬가지로 A3 두 장을 합치면 A2가 되고 이어서 A1, A0가 된다. 종이를 작은 사이즈로 만들어서 크게 이어붙이는 것은 불가능하니 반대로 큰 사이즈의 종이를 쪼개서 작은 사이즈로 만든다.

시작은 A0다. A0의 면적은 1제곱미터. 하지만 1미터×1미터가 아니다. 이 종이를 반씩 쪼개면 항상 가로:세로=1:2가 되어서 좁고 긴 모양이 된다. 편하지가 않다. A0는 841밀리미터×1189밀리미터. 0.999949제곱미터이다. 최대한 1제곱미터에 가까우면서도 사용하기에 적절한 비율을 찾아낸 것이다. 이때 가로세로의 비율이 바로 $\sqrt{2}$의 값인 1.414…다. A0를 네 번 자른 A4 용지는 210밀리미터×297밀리미터. 마찬가지로 가로와 세로의 비율은 $\sqrt{2}$.

그렇다면 1980~1990년대에 많이 쓰던 B5 용지 사이즈는 어땠을까? B5는 B0에서 시작하는데, B0의 면적은 1.5제곱미터. 하지만 1미터×1.5미터가 아니라 1030밀리미터×1456밀리미터. 정확히는 1.49968제곱미터이다. 이때도 가로와 세로의 비율은 $\sqrt{2}$다. B5 용지는 282밀리미터×257밀리미터. 마찬가지로 가로와 세로의 비율은 $\sqrt{2}$.

전 세계 사람들은 A 사이즈 또는 B 사이즈의 종이를 사용한다. 나라마다 다른 크기의 종이를 사용한다면 인쇄기, 프린터, 복사기 등이 모두 달라져서 산업과 통상에 문제가 생기기 때문에 163개국이 가입한 국제표준화기구(ISO)에서 가장 합리적인 방안을 제시한 것이다. A 사이즈는 독일 표준에 기반을 둔 것이고 B 사이즈는 일본 표준을 따른 것이다.

국제 표준이라고 해서 모든 나라가 따르는 것은 아니다. 그런데 주요 국가가 따르지 않으면 좀 귀찮은 일이 생긴다. 예를 들어서 미터법이 그러하다. 전 세계에서 미터법을 따르지 않는 나라는 딱 세 나라다. 미국과 라이베리아와 미얀마. 미얀마야 바로 얼마 전까지만 해도 국제적으로 고립된 나라였고 라이베리아는 미국의 흑인들이 다시 아프리카로 돌아가서 세운 나라기 때문에 그렇다고 이해할 수 있는데 미국이 문제다. 미국은 영국마저 포기한 구 도량형을 여전히 쓰고 있다.

구 도량형의 길이 단위 사이에는 10진법으로 딱 떨어지는 관계가 없다. 1마일은 1760야드다. 1야드는 3피트. 1피트는 12인치. 이걸 배우는 아이들은 정신이 없을 것 같다. 미국인들은 우리는 문제없이 잘 살고 있으니 걱정하지 말라고 하지만 실제로 걱정할 일이 자주 생긴다. 왜냐하면 미국 혼자서 할 수 있는 일이 없기 때문이다. 1999년 NASA의 화성 기후 궤도탐사선이 폭발하는 사고가 발생했다. 프로젝트에 참여한 기관들이 사용한 단위가 달랐던 것이 문제다. 록히드마틴 연구팀은 야드 단위를 썼는데 제트추진연구소는 미터법을 따랐다. 계산에 혼선이 생겨 탐사선의 진입 궤도가 너무 낮아졌고 그 결과 1억 2천만 달러가 소요된 탐사선이 불에 타버리고 말았다.

닭도 A4 용지와 관계가 깊다. 우리나라 사람들이 1년에 먹어치우는 닭은 약 10억 마리. 이들은 평생 딱 A4 한 장의 면적 위에서만 버텨야 한다. 온갖 스트레스에 진드기의 공격까지 받으면서 말이다. 평생 지금 읽고 있는 이 책 위를 벗어나지 못하는 것이다. 닭과 달걀을 조금만 더 비싸게 먹자. A4에 가둘 것은 닭이 아니라 글이다.

철새, 텃새, 나그네새

남한에 표준어가 있다면 북한에는 문화어가 있다. "교양 있는 사람들이 두루 쓰는 현대 서울말"과 "평양말을 기초로 하여 이루어진 규범적인 말"을 각각 일컫는다. 서울말, 평양말이 아니면 사투리 취급하는 꼴이니 두 곳 출신이 아닌 사람으로서 사뭇 불쾌하나 어쩔 수 없다. 이미 너무 오래 썼다. 서울말과 평양말이 다르니 당연히 표준어와 문화어가 다를 수밖에 없다. 장차 통일이 되면 표준어나 문화어 같은 개념은 아예 없어졌으면 좋겠다. 각자 편한 대로 말 좀 편하게 하자. 어차피 다 통하지 않는가. 지금까지 말은 스스로 적응하면서 진화해왔다. 스스로 개척해온 것이다. 그런 말을 법이 규정하고 보호하는 게 말이 되느냐 말이다.

'계절조'라는 말을 들어보셨는가? 처음 듣는 사람도 금방 정체를 알아차릴 수 있다. 그렇다. "계절에 따라 사는 곳을 바꾸는 새"를 뜻하는 문화어다. 표준어에서는 '철새'라고 한다. 계절조, 철새와 짝을 이루는 문화어와 표준어는 사철새, 텃새다. 표준어의 철새-텃새는 짧고 각운이 맞는 데 비해 문화어의 계절조-사철새는 길고 각운이 맞지 않는다. 통일되면 보존하려고 맘먹지 않으면 살아남기 힘들 말이다.

한반도는 사계절이 뚜렷한 중위도 지방에 있는 데다가 대륙과 대양이 맞닿은 곳이어서 철새를 관찰하기 좋은 곳이다. 겨울철새는 북쪽에서 온다. 봄과 여름에 태어난 새끼들이 먼 길 떠날 준비가 되면 따뜻하고 먹이가 많은 남쪽에 와서 겨우살이를 한 후 가족과 함께 북쪽으로 돌아간다. 가창오리, 두루미, 흑기러기 같은 것들이다. 여름철새는 봄과 여름에 한반도에서 알을 낳고 새끼를 기르다 가을이 되면 따뜻한 남쪽에 가서 겨울을 지내는 새다. 긴꼬리딱새, 소쩍새, 청호반새, 팔색조 등이 있다.

철새와 달리 텃새는 계절에 따라 이동하지 않고 사시사철 일 년 내내, 아니 평생 한반도를 떠나지 않고 머문다(고 여겨진다). 참새, 까치, 직박구리, 박새, 붉은머리오목눈이(뱁새), 곤줄박이 등이다. 먼 곳을 힘들여 여행하느니 어떻게든 한곳에 머물면서 사철을 견뎌내는 방향으로 적응하는 데 성공한 새다. 그런데 먼 곳으로 여행하는 게 힘들까, 아니면 사계절을 온전히 견디는 게 힘들까? 이건 질문을 달리 해보면 알 수 있다.

철새가 많을까, 텃새가 많을까? 우리나라에서 관찰되는 새는 아종을 포함해서 590종쯤 된다. (한반도에서 사는 포유류가 127종에 불과한 것과 비교하면 엄청나게 많은 것이다.) 이 가운데 여름철새는 60여 종으로 10퍼센트에 불과하다.

(여름에 철새 관광이 안 되는 이유가 있다.) 그런데 겨울철새는 140여 종으로 24퍼센트나 차지한다. 여름철새와 겨울철새가 한반도에서 관찰되는 새 종수의 3분의 1을 차지하는 것이다. 그렇다면 나머지 3분의 2는 텃새일까? 텃새가 많다보니 텃세 좀 부릴 수 있는 걸까? 놀랍게도 텃새는 70여 종으로 12퍼센트에 불과하다.

10+24+12=46. 철새와 텃새가 46퍼센트다. 그렇다면 나머지 54퍼센트는 뭐란 말인가? 철새와 텃새 말고 나그네새가 있다. 문화어로는 '려조(旅鳥)'라고 한다. 그냥 우리나라를 스쳐 지나가는 새다. 남쪽과 북쪽으로 이동하는 동안에 잠시 쉬었다 가는 것이다. 많은 산새 그리고 도요새, 물떼새가 여기에 해당한다. 모두 160여 종으로 전체의 27퍼센트를 차지한다. 철새와 나그네새의 차이는 여기서 알을 낳느냐 마느냐다. 그래도 남는 27퍼센트는 길 잃은 새다. 종수로는 27퍼센트나 되지만 개체수는 얼마 되지 않아서 잘 보이지 않는다. 다만 급격한 기후 변화로 길 잃은 새가 점차 많아지고 있다.

텃새보다 철새가 훨씬 종수가 많다는 것은 이동에 힘이 들어도 맞는 환경을 찾아 이동하는 것이 훨씬 유리하다는 뜻일 것이다. 최근 연구에 따르면 텃새라고 하더라도 같은 지역에서 1년 내내 머무는 것은 아니라고 한다. 여기저기 옮겨다니지만 굳이 계절을 따지지 않을 뿐이라는 뜻이다.

그런 점에서 우리는 철새에 대한 시각을 바꿀 필요가 있다. 여름철새와 텃새는 모두 우리나라에서 알을 낳고 번식한다. 겨울철새도 가장 중요한 첫 겨울을 우리나라에서 버텨 내야 앞으로 살아갈 수 있다. 철새나 텃새 모두 한반도가 고향인 것이다. 철새든 텃새든 한반도에서 후손을 남기고 한반도 생태계의 유전자 풀(pool)을 다양하게 만든다.

철새 정치인도 마찬가지다. 그들도 고향은 같다. 옮겨 다니기는 해도 어떻든 뭔가 성과를 내고 있다. 문제는 나그네 정치인과 길 잃은 정치인이다. 목적도 없이 커리어를 쌓기 위해서 정치하는 사람, 어디가 길인지 모르고 헤매기만 하는 정치인이 문제다.

5 부

함께 살 만한 곳

대나무처럼 빠르고 유연하게

모내기가 한창이다. 벼를 심는다. 계-문-강-목-과-속-종이라는 분류체계에서 벼는 식물계 속씨식물문 외떡잎식물강 벼목 벼과에 속한다. 벼과는 고등식물 가운데 가장 큰 과다. 550속 1만 종 가량이 알려져 있다. 우리가 식량으로 사용하는 벼, 밀, 옥수수도 벼과 식물이다.

벼과 식물은 한해살이풀이 대부분이다. 그래서 매년 벼와 밀 그리고 옥수수를 심어야 한다. 하지만 벼과 식물에도 나무가 있다. 92속 5,000종 가량이 알려진 대나무가 바로 그것이다. 그러니까 벼과 식물 종의 절반은 대나무인 셈이다. 우리나라에도 4속 14종이 있다. 벼, 밀, 옥수수 그리고 대나무의 이파리는 비슷하게 생겼고, 그 안에 있는 잎맥은 그물처럼 생기지 않고 나란히 그어져 있는 줄 모양이다.

벼과 식물의 절반을 차지하는 대나무는 다른 벼과 식물과는 확연히 다른 특징이 있다. 대나무는 꽃이 잘 피지 않는다. 식물의 꽃은 생식기관이다. 자신의 삶이 다할 무렵 후손을 남기기 위한 장치다. 대나무가 숲을 이루는 까닭은 꽃이 피고 씨앗이 퍼져서가 아니라 땅속줄기가 넓게 퍼져나가면서 빈자리에서 순이 솟아나기 때문이다.

사람들은 부드러운 죽순을 즐겨 먹는다. 사람뿐만 아니라 대나무여우원숭이와 판다도 죽순을 먹는다. 판다는 짝짓기를 하는 봄에는 질소와 인이 풍부한 죽순을 먹고 여름에는 칼슘이 많은 어린 대나무 잎을 먹는다. 판다의 조상은 원래 육식을 하는 곰이었다. 그런데 환경이 급격하게 변하면서 먹잇감이 대부분 사라지던 420만 년 전에 마침 단백질의 맛을 느끼는 유전자 기능을 잃게 되면서 대나무를 먹게 된 것으로 보인다.

대나무는 자기 수명이 다할 때쯤에야 꽃을 피운다. 100년을 기다려야 꽃이 피는 대나무도 있다. 그런데 희한하게도 같은 뿌리에서 나온 대나무 줄기들은 나이에 상관없이 모두 같은 해에 꽃을 피운다. 같은 뿌리에서 나온 대나무를 떼어서 멀리 떨어진 곳에 심어도 마찬가지다. 그렇기 때문에 대나무 숲이 어느 날 갑자기 한꺼번에 사라지기도 한다.

대나무는 이름과 달리 나무가 아니다. 나무 백과사전을 아무리 뒤져봐도 대나무는 나오지 않는다. 나무가 되려면 몇 가지 자격이 필요한데 가장 중요한 것은 부름켜(형성층)가 있느냐는 것이다. 부름켜가 있어야 부피 생장을 하면서 굵어진다. '아니, 가느다란 대나무도 있지만 굵은 대나무도 있지 않은가. 대나무도 점차 굵어진다는 뜻 아닌가?'라는 의문이 들 수도 있다. 하지만 부름켜가 없는 외떡잎식물은 절대로 굵어질 수 없다. 될 성 싶은 나무는 떡잎부터 알아본다는 말처럼 죽순을 보면 대나무의 굵기를 알 수 있다. 대나무 굵기는 죽순 때 이미 결정된다. 죽순의 굵기가 바로 대나무의 굵기다.

대나무는 그 어떤 나무보다도 빨리 자란다. 싹이 튼 이후에는 죽순이 하루에 1미터 이상 자라기도 한다. 오죽하면 우후죽순이란 말이 있겠는가. 이렇게 빨리 자라는 데는 몇 가지 비결이 있다. 첫째는 속이 비어 있는 것. 벼와 강아지풀 같은 벼과 식물도 줄기 속이 비어 있다. 속을 채우는 데 양분을 쓰지 않고 줄기 껍질 부분을 키우는 데 집중해서 다른 나무보다 수십 배 빨리 성장하는 것이다. 이는 생존에 유리한 특징이다. 빨리 자라야 햇빛을 받을 수 있기 때문이다.

둘째는 엄마 나무가 제공하는 영양분이다. 대나무 숲의 대나무들은 땅속줄기로 연결되어 있다. 수십 일 만에 집중적으로 성장한 대나무는 열심히 광합성을 해서 자신의 굵기를 키우는 데 쓰는 대신 땅속줄기를 통해 아기 나무에게 영양분을 공급한다.

셋째는 마디다. 대나무가 성장하면서 마디 수가 늘어나는 게 아니다. 대나무의 마디는 죽순에 이미 정해져 있다. 왕대는 71개, 솜대는 43개, 죽순대에는 73개의 마디가 있다. 각 마디에는 길이를 키우는 생장점이 있는데 각 마디의 생장점이 동시에 작동한다. 기관차 한 대가 수십 칸의 열차를 끌고 가는 게 아니라 수십 대의 기관차로 구성된 기차인 셈이다.

대나무 속이 빈 덕분에 가벼우면서도 마디 칸막이가 있어서 구조가 안정적이다. 마디가 있어서 가늘고 높이 자란 대나무는 태풍에도 쓰러지지 않는다. 덕분에 사람들에게도 유용한 식물이다. 땔감뿐만 아니라 건축재와 낚싯대로도 쓰인다.

우후죽순을 볼 수 있는 시기와 모내기를 하는 시기는 대략 비슷하다. 5월 중순부터 6월 중순까지다. 남북 그리고 북미 정상회담도 우후죽순처럼 진행되고 있다. 중요한 것은 빨리 자라는 것이다. 그러려면 죽순에 집중적인 양분 공급이 필요하다. 대나무의 모든 마디가 동시에 성장하는 것처럼 체육, 예술, 철도 등 다양한 분야에서 동시에 협력이 이루어져야 한다.

꽃이 피지 않아도 좋다. 땅속줄기가 넓게 뻗어나가야 한다. 문제는 속도다. 성장의 열매인 평화는 다시 새로운 죽순에게 양분을 제공하게 될 것이다. 지난 시대의 과오를 반복하지 말자. 대나무처럼 빠르고 유연하게 평화를 펼쳐나가자. 평화회담이라는 죽순에는 몇 개의 마디가 있었을까?

놀러 갑시다, 다른 행성으로

으레 여름휴가는 광복절 즈음의 을지훈련이 끝난 다음에야 갈 때가 많았다. 작년에는 소위 성수기에 남원, 청양, 보령을 다녀왔다. 아름다운 곳이다. 하지만 우리는 에어컨이 나오는 공간을 벗어나지 못했다. 더워도 너무 더웠기 때문이다. 결심했다. 이젠 한여름에는 휴가 가지 않기로 말이다. 우리나라만 더운 게 아니었다. 온 북반구가 다 더웠다. 지구라는 행성이 너무 뜨거워졌다. 이젠 휴가를 다른 행성으로 가야 하는 건 아닐까?

우주여행의 가능성은 급격히 높아지고 있다. 우주여행 안내서만 봐도 그 흐름을 알 수 있다. 2008년에 출간된 우주여행 가이드북의 제목은 『위험하면서도 안전한 우주여행 상식사전』이었다. 우주를 안전하게 여행하기 위한 지침서다. 안전은 아무리 강조해도 지나치지 않다. 하지만 이 책을 읽고서 우주여행을 꿈꾸기는 쉽지 않다. 우주여행은 위험한 일이라는 걸 기본적으로 깔고 있기 때문이다.

10년이면 강산이 변한다고 했다. 이제는 10년이면 우주여행 가능성마저 바뀐다. 2018년에 출간된 책의 제목은 『지금 놀러 갑니다, 다른 행성으로』다. 두 명의 과학자가 우주여행 코디네이터를 자청하고 나섰다. 우주여행을 위한 안전장치는 뒷전으로 밀려났다. 책은 지구의 달과 다른 행성의 '가 볼 만한 곳'을 알려주기에 여념이 없다. 심지어 각 행성에서 할 수 있는 다양한 액티비티 프로그램까지 소개한다. 요즘 우리가 보는 여행 가이드북과 기본적으로 다르지 않다. 여행 코디네이터조차도 가보지 못했으니 책에 나오는 많은 것들이 가상인 것은 당연하다.

하지만 우주여행이 꿈같은 이야기만은 아니다. 누군가는 꿈만 꾸고 누군가는 그 꿈을 이룬다. 러시아 우주기술업체 에네르기아는 미국의 보잉사와 함께 10일짜리 단체 우주여행 상품을 내놨다. 러시아는 그동안에도 우주정거장에 빈자리가 생기면 민간 우주관광객을 보냈다. 일곱 명이 다녀왔는데 1인당 376억 원이 들었다. 이번엔 단체 여행이다보니 비용도 저렴하다. 1인당 비용이 약 180억 원. 우주여행과 영상촬영 포함 가격이다. 단체라고 해봐야 여섯 명뿐이다. 단체 우주관광객의 출발은 2019년이다.

미국 전기자동차 회사 테슬라의 엘론 머스크가 설립한 우주 장비 제조 및 우주 수송 회사인 스페이스X의 최근 성과는 저가 우주여행의 실현을 기술적으로 뒷받침하고 있다. 스페이스X는 이미 한번 발사되었던 1단 추진 로켓을 발사에 재사용하는 데 성공했다. 같은 회사의 팰컨 헤비는 2층 버스

다섯 대의 무게에 해당하는 무려 64톤의 화물을 싣고 우주정 거장에 갈 수 있다.

우주여행지로는 어디가 좋을까? 달은 이미 사람이 다 녀왔다. (2019년이면 벌써 아폴로 11호 달 착륙 50주년이다.) 이왕이면 미지의 장소가 좋겠다. 행성 가운데 한 곳을 고르 자. 수성과 금성은 너무 뜨겁다. 목성과 그 바깥쪽의 행성은 너무 멀기도 하거니와 기체형 행성이라 발을 디딜 수가 없 다. 남은 곳은 화성이다. 화성의 하루는 1지구일과 비슷하다. 1년의 길이가 지구보다 39일 더 길 뿐이다. 태양광 발전이 가 능하고 토양에는 물이 있고 공기에는 질소가 풍부하다. 잘하 면 사람이 살 만한 곳이라는 뜻이다.

우주여행업체가 생겨나는 까닭은 물론 수요가 있기 때 문이다. 네덜란드의 비영리단체 마스원(Mars One)은 2024 년부터 한번에 네 명씩 총 스물네 명을 화성으로 보낸다는 계 획을 세웠다. 한번 가면 돌아오지 못하는 편도 여행이다. 화 성에 정착해서 살아야 하는 이주계획이다. 그런데 여기에 140개국에서 20만 명 이상이 지원했다. 우주에 가려는 사람 은 넘치고 기술은 실현 직전이다.

그렇다면 우리는 뭘 하고 있을까? 우리라고 손 놓고 있 는 게 아니다. 2018년 11월 28일 한국형 로켓이 시험 발사에 성공했다. 이로써 우리나라는 일곱 번째로 75톤급 엔진기술 을 가진 나라가 되었다. 너무 늦었다고 생각하지 말자. 2009 년 기사를 검색해보시라. '기재부, 나로 2호 2019년 발사 무리', '나로 2호, 2019년 발사 어렵다' 같은 부정적인 기사 일색이었다. 하지만 한국 과학자들은 한국형 발사체(KSLV-II) 준비를 차곡차곡 해왔다. 지구 저궤도(고도 600~800킬로미터)에 1.5톤급 실용위성을 투입할 수 있는 3단형 발사체를 개발하는 것이 목표다. 1단 로켓은 75톤 엔진 네 개를 묶어 만들고, 2단 로켓은 75톤 엔진 하나, 그리고 3단 로켓은 7톤 엔진 하나로 구성된다. 이번에는 2단형 로켓이 발사되었다.

한국형 발사체 사업에 돈이 엄청나게 들까? 2010년부터 2021년까지 12년 동안 예산이 채 2조 원이 안 된다. 겨우 2조! 결국 쓸모없는 것으로 밝혀지고 환경마저 파괴한 4대강 사업비 22조에 비하면 정말 적은 액수다.

2021년에 있을 누리호 발사도 한번에 성공하기 바란다. 하지만 실패한다고 해서 좌절하거나 비난하지 말자. 과학과 기술은 실패를 먹고 자란다. 우리도 언젠가는 유인우주선을 만들게 될 것이다. 그렇다고 해서 우주로 이주할 생각은 말자. 어떻게든 지구를 고쳐서 사용하자. 다른 행성으로는 놀러만 가자.

또 하나의 위대한 모험

베토벤의 '환희의 송가'가 은은히 울리고 있는 병실. 의사는 넴뷰탈(펜토바르비탈나트륨)과 신경안정제를 혼합한 정맥주사를 혈관에 꽂힌 튜브에 주입했다. 정맥주사의 밸브는 잠긴 상태였다. 사람들이 지켜보는 가운데 누워 있던 남자가 스스로 밸브를 열었다. 그리고 평화롭게 숨을 거두었다. 2018년 5월 10일 낮 12시 30분쯤 스위스 바젤의 라이프 서클 클리닉에서 벌어진 광경이다. 스스로 죽음을 선택하고 밸브를 연 사람은 오스트레일리아의 최고령 과학자 데이비드 구달(104세). 그는 안락사를 선택했다.

구달 박사가 안락사를 위해 고령에도 불구하고 호주에서 스위스까지 먼 여행을 한 까닭은 호주에서는 안락사를 할수 없기 때문이다. '아니, 그럴 리가 있나? 안락사는 우리나라에서도 할 수 있는 것 아닌가'라고 생각할 수 있지만 그렇지 않다. 우리나라와 호주에서 가능한 것은 안락사가 아니라 존엄사다.

존엄사는 회생 가능성이 없다는 의사의 진단을 받은 환

자가 본인이나 가족의 동의로 연명치료를 중단함으로써 죽음을 받아들이는 것이다. 여기서 말하는 연명치료란 심폐소생술, 인공호흡기, 혈액투석, 항암제 투여 같은 것을 말한다. 이 과정에서도 영양분과 물, 산소와 진통제는 계속 투여되어야 한다. 당연하다. 죽는 순간까지도 존엄해야 하니까. 존엄사는 우리나라에서는 2018년 2월부터 가능해졌고 많은 나라에서도 허용되고 있다.

이에 비해 안락사는 죽음을 원하는 사람이 의사의 도움을 받아 스스로 목숨을 끊는 행위다. 조력 죽음이라고 할 수 있다. 쉽게 말하면 조력 자살이다. 현재 안락사가 가능한 나라는 베네룩스 3국과 스위스, 콜롬비아, 캐나다를 포함해서 모두 여섯 나라다. 영국은 사실상 묵인하고 있고 미국에서는 오리건주만 허용하고 있다.

스위스에서만 매년 1,400건 이상의 안락사가 일어나고 있는데 데이비드 구달 박사의 안락사가 특별히 뉴스로 다뤄진 이유는 무엇일까? 그가 호주 최고령 과학자이고 식물생태학의 권위자여서가 아니다. 그는 불치병에 걸리지 않았는데도 단순히 신체의 노화를 이유로 안락사를 택한 최초의 사례로 알려졌기 때문이다. (널리 알려지지 않은 사례는 얼마든지 더 있을 것이다.)

나는 아직 데이비드 구달 박사의 안락사, 그러니까 조력 자살에 대해 비난하는 글을 단 한 편도 읽지 못했다. 그의 죽음은 '평화롭게', '환희의 송가를 들으며', '영면에 들다'와 같은 호의적인 문구로 치장되었다. 왜 그럴까? 그가 100년도 더 살아서? 그 정도면 충분히 살았으니까? 과학적인 업적도 충분히 남긴 사람이 아프지도 않고 경제적인 어려움도 없는 상태에서 평온하게 죽으니 '호상'이란 말인가?

데이비드 구달 박사는 죽음을 앞두고 행한 기자회견에서 "난 더 이상 삶을 이어가고 싶지 않다. 내일 삶을 끝낼 수 있는 기회를 얻게 돼 기쁘다"라고 말했다. 마치 자신이 어느 정도 힘이 빠지고 공동체에서 더 이상 할 수 있는 역할이 없다고 판단되면 벌판에 나가서 죽음을 맞이했다는 아메리카 원주민을 떠올리게 한다. 동물들도 이 방식을 택한다. 죽음이 가까이 오는 것을 느낀 동물들은 무리를 벗어나 스스로 잡혀 먹힌다. 코끼리는 무덤으로 삼을 만한 곳을 찾아간다. 데이비드 구달 박사는 야생동물처럼 죽음을 선택했다. 어쩌면 이것이야말로 자연스러운 일인지 모르겠다. 그렇다면 정말 호상 맞네!

우리나라의 모든 사망 가운데 자살이 차지하는 비중은 5위다. 암, 심장질환, 뇌혈관질환, 폐렴 다음이다. 당뇨병, 교통사고, 산업재해보다도 많다. 우리나라에서는 대략 36~40분 사이에 한 명씩 스스로 목숨을 끊는다. 그럼에도 불구하고 자살하는 이들에게 호의적인 경우는 거의 없다. 자식이 자살을 하면 쉬쉬하며 장례를 조용히 치르거나 자살한 친구의 장례식장에 모인 친구들은 "나쁜 자식"이라며 안타까워한다. 노인들의 자살은 노환으로 은폐된다.

자살은 외진 곳에서 일어난다. 자살하는 사람은 외롭게 죽을 수밖에 없다. 우리나라 형법 제252조 2항에 따르면 자살하려는 사람을 보고도 그대로 두면 자살교사·방조죄가 되어 1년 이상 10년 이하의 징역에 처해지기 때문이다.

　생물학적인 관점에서 볼 때 죽음은 생명의 당연한 과정이다. 그렇다면 죽음마저도 헌법의 보호를 받아야 한다. 대한민국 헌법 제10조에는 "모든 국민은 인간으로서의 존엄과 가치를 가지며, 행복을 추구할 권리를 가진다. 국가는 개인이 가지는 불가침의 기본적 인권을 확인하고 이를 보장할 의무를 진다"라고 되어 있다. 그렇다면 행복한 죽음도 추구할 수 있어야 하지 않을까? 언젠가 삶이 지루하고 의미가 없다고 느껴지면 스스로 죽음을 선택할 수 있어야 한다.

　하지만 나는 어떻게든 오래 살고 싶다. 여기에 대해 '해리포터'의 호그와트 마법학교 덤블도어 교장선생님은 이렇게 말씀하신다.

　"죽음이란 그저 또 하나의 위대한 모험에 불과하단다. 그 돌은 사실 그렇게 굉장한 것이 아니야. 장수와 많은 돈! 대부분의 인간은 무엇보다도 이 두 가지를 선택하겠지… 문제는, 인간들이란 꼭 자신에게 이롭지 못한 것을 선택하는 나쁜 버릇을 갖고 있다는 것이지."

과소비 가족

인생에는 부침이 있게 마련이다. 경제 형편도 마찬가지다. 저축을 할 때도 있고 저축을 조금 헐어야 할 때도 있다. 괜찮다. 그럴 수도 있다. 그런데 저축을 헐어야 하는 이유가 어떤 새로운 일에 도전하다 실패해서가 아니라 흥청망청 생활 때문이라면 이야기가 다르다.

한 마을이 있다. 이 마을은 같이 벌어서 같이 쓴다. 워낙 충분히 벌기 때문에 매년 곳간을 가득 채웠고 매년 새로운 곳간을 만들어야 했다. 그런데 어느 날부터인가 쌓이는 재물이 줄기 시작했다. 한 가족의 식구가 워낙 많이 늘어났기 때문이다. 그 가족은 버는 것은 없으면서 쓰기만 했다. 그래도 쌓아놓은 게 많아 감당할 만한 것처럼 보였지만 자세히 들여다보면 그렇지 않았다. 그 가족의 수가 늘어나는 만큼 다른 가족의 수가 줄어들었다. 마을의 크기는 한정되어 있기 때문이다. 희한하게도 그 가족은 점점 건강해지고 수명이 길어졌으며 씀씀이는 말도 못하게 커졌다.

다행히 1960년대까지만 해도 당장의 문제는 아니었다.

그 가족이 얼마를 써대든 마을 전체가 버는 것이 더 많았기 때문이다. 1970년이 되자 드디어 그 가족이 쓰는 게 마을이 버는 것을 초과했다. 문제의 그 가족은 점점 더 빨리 늘어났고 그들은 수의 증가보다 더 빠른 속도로 씀씀이를 늘렸다. 마을의 위기였다. 그 가족만 그걸 모른 체했다.

1987년에는 1년 동안 번 것을 12월 19일에 벌써 다 썼다. 2000년에는 그 날이 11월 1일로 앞당겨졌다. 1년 동안 번 것을 열 달 만에 다 쓴 것이다. 이걸 특정 가족이 다 썼다. 그들의 수와 기세에 눌린 다른 가족들은 수를 줄이고 숨죽이고 사는 수밖에 없었다. 이젠 그 가족 안에서도 우려의 목소리가 나왔다. 젊은 친구들은 자신들의 미래를 걱정했다. "이러다가 우리의 미래도 문제가 되겠는데요. 우리도 좀 아껴 써야겠어요"라고 말이다. 하지만 가족의 실권을 갖고 있던 이들은 아랑곳하지 않았다.

2015년이 되자 1년 치 수입이 8월 13일에 거덜났다. 이쯤 되니 권력자들도 심각성을 깨닫기 시작했다. 뭔가 대책을 세우지 않으면 마을은 물론이고 자기 가족의 운명도 안심할 수 없다는 것을 인정한 것이다. 그들은 2015년 12월 파리에 모였다. 유엔기후변화회의가 바로 그것. 독자분들은 일찌감치 알아차렸겠지만 여기서 마을은 지구이고 과소비하는 그 특정한 가족은 인류다.

지구는 물, 공기, 흙 등 생명이 필요로 하는 것들을 만들어낸다. 인간들은 그것을 사용한다. 1960년대만 해도 인류가 소비한 양은 지구가 생산한 양의 4분의 3에 불과했다. 그런데 1970년부터 사용량이 생산량을 초과했다. 1년 치 생산량을 다 소비한 날을 우리는 '지구 생태용량 초과의 날(Earth Overshoot Day)'이라고 부른다. 이 날이 지난 다음부터는 바다와 숲이 흡수할 수 있는 것보다 더 많은 탄소를 배출하고, 자라는 것보다 더 많은 나무를 베어내고, 태어난 것보다 더 많은 물고기를 잡으며, 지구가 만들어낸 것보다 더 많이 먹고 마시는 것이다.

같은 사람이라도 사용하는 생태자원의 크기는 다르다. 가장 많은 생태자원을 사용하는 사람은 놀랍게도 미국 사람들이 아니라 오스트레일리아 사람들이다. 세계인들이 호주 사람처럼 생태자원을 사용한다면 지구는 한 개로 부족하다. 지구가 5.4개는 있어야 한다. 국토 면적당 생태자원을 가장 많이 사용하는 땅은 인정하기 싫지만 우리 땅이다. 대한민국 국민이다. 전 세계 사람들이 대한민국 국토에서처럼 생태자원을 사용하려면 지구가 8.4개 필요하다. 지금 세계인이 사용하는 생태자원을 감당하려면 지구가 1.7개 필요하다. 이런 추세라면 2030년이면 지구가 두 개 있어야 한다.

오죽하면 2015년 파리에서 열린 유엔기후변화회의에 전 세계 195개국 정치 지도자들이 모였겠는가? 당시 정상들은 지구 평균 온도의 상승을 산업화 이전 대비 2도 이하로 제한하는 데 동참하겠다고 약속했다. 이게 쉬운 일이 아니다. 앞으로 많은 나라들은 탄소 배출을 규제해야 하고 그것은 일자리 문제를 일으키기 때문이다. 아니나 다를까 미국의 트럼프 대통령은 2017년 6월 1일 파리 협정 탈퇴를 선언했다. (덕분에 지지도가 올랐다.)

그렇다면 2018년의 지구 생태용량 초과의 날은 언제였을까? 8월 1일이었다. 3년 만에 12일이나 앞당겨진 것이다. 더 진전된 회의가 필요하다. 중앙정부가 합의하고 각 지방정부가 실천하는 관계 속에서 지구 생태용량 초과의 날이 더 앞당겨지는 것만은 막아야 한다. 이것은 앞으로 태어날 후손들의 문제가 아니라 지금 여기 살고 있는 바로 우리 세대의 문제다.

대담한 목표

"2200년이면 양서류의 41퍼센트, 조류의 13퍼센트, 포유류의 25퍼센트가 멸종할 것이다."

2012년 6월 과학 저널 〈네이처〉에 22명의 과학자가 공동으로 발표한 논문에 실린 문장이다. 이것을 읽고서 심각해지는 사람은 별로 없다. '사람도 살기 힘든데 동물들 걱정할 틈이 어디 있겠어'라는 게 일반적인 반응이다. 그렇다고 해서 우리가 자연을 걱정하지 않는 건 아니다. 그 이면에는 '심각한 것은 알겠는데, 내가 아무리 염려한들 뭐 바뀌는 게 있겠어'라는 무력감이 깔려 있다.

"최근 기온 상승의 결과로 몇십 년 후면 1만 4,000년 전 기온에 도달합니다. 인류는 이런 기온을 경험한 적이 없어요. 또 전 세계 인구가 급속도로 증가해서 내가 사는 동안에만 세 배나 증가했어요. 늘어나는 인구는 식량을 필요로 해요. 생물다양성을 파괴하면서 말이죠. 앞으로 일어날 큰 문제는 자원의 극단적 결핍이에요. 특히 물 같은 경우는 지구적 변화를 가져올 심각한 문제죠. 궁지에 몰린 사람들이 물을 찾아 이동할 거고 그러면 자원을 가진 이들과 충돌하게 되죠. 세계 각지 사람들 사이에 증오가 생겨날 거예요. 전쟁이 뒤따르겠군요. 시간이 없어요. 어쩌면 20년쯤 남았을 겁니다."

논문의 저자 가운데 한 명인 고생물학자 토니 바르노스키의 말이다.

수천, 수만 년이 아니라 20년 남짓이라면 우리가 뭔가 해야 하지 않을까. 지금 내가 먹고살기 힘들다고 무관심하기에는, 내가 뭘 어쩌겠냐고 포기하기에는 너무 가까운 미래가 아닌가 말이다. 오죽하면 세계 각국의 정상들이, 하다못해 국정을 농단하도록 방치하던 박근혜 당시 대통령마저 2015년 유엔기후변화회의에 참석했을까.

〈네이처〉지에 실린 논문은 파리를 비롯한 세계 시민의 가슴에 불을 지폈다.

"뭔가 해야겠다. 인간이 일으킨 일이라면 인간이 해결할 수 있지 않겠는가! 그리고 이미 행동에 나선 사람들이 있으니 이들을 찾아가서 해결책을 모아보자."

프랑스의 유명 배우와 환경운동가는 대안을 담은 영화를 만들기로 했다. 세계 시민 10,266명이 크라우드펀딩을 통해 투자했다. 유엔기후변화회의 직전에 개봉된 다큐멘터리 영화 〈내일(demain)〉이 바로 그 결과물.

〈내일〉은 우울하지 않다. 오히려 명랑하다. 위험을 경고하는 게 아니라 멋진 해결책을 신나게 보여주는 영화다.

다섯 가지 주제가 이어진다. 첫 번째는 농업이다. 영화 제작 진은 전 세계를 다니며 해결책을 제시하는 사람들을 만났다. 그 해결책들을 퍼즐처럼 맞췄더니 모든 것은 밥에서 시작되었다. 1960년 이후 200만의 인구가 60만으로 줄어든 미국 디트로이트. 자동차 산업이 쇠퇴하자 도시도 쇠락했다. 신선한 식재료를 찾을 수 없게 된 시민들은 직접 먹거리를 키우기로 했다. 이곳의 시민활동가는 말한다.

"우리는 아주 대담한 목표를 갖고 있어요. 식량주권 도시로 만드는 것이죠."

성공 사례는 유럽에도 넘쳐난다. 하지만 이들은 이상주의자들이 아니다. 도시농업이 농촌농업을 대체하지 못할 거라는 사실을 잘 안다.

두 번째 주제는 신재생 에너지다. 제레미 리프킨은 말한다.

"기후 변화가 두려운 것은 지구의 물 순환을 변화시키기 때문입니다. 그게 문제의 핵심이에요. 지구의 모든 것이 물에 달렸거든요."

〈내일〉은 아이슬란드, 스웨덴, 덴마크, 독일의 성공 사례들을 보여준다. 그들의 전략은 어디에나 있는 바람, 태양, 지열을 사용하는 것이다. 수백만의 소규모 생산자들이 수평적 경제 속에서 에너지를 모으면 그 힘은 핵발전소를 능가한다는 것을 증명한다.

자연스럽게 연결되는 세 번째 주제는 돈이다. 시민활동

가들은 잘 알고 있다. 돈이 제일 중요하다. 돈이 없으면 아무 것도 하지 못한다. 〈내일〉은 지역화폐라는 대안을 제시한다. 중앙화폐와 병행하는 돈이다. 식량과 에너지를 스스로 생산하는 시민들은 경제 일부를 지역경제로 전환시켰다.

네 번째와 다섯 번째 주제는 교육과 민주주의다. 교육과 민주주의는 모든 것의 중심이다.

우리는 환경운동이라고 하면 그 결과로 동굴 같은 침침한 곳에서 썩은 감자나 먹고 살아야 할 것 같다는 느낌을 받는다. 〈내일〉은 그게 아니라는 것을 알려준다. 즐겁게 노동하며 지역사회에서 서로 도와가면서 살아가는 수많은 성공 사례를 생생하게 보여준다. 전 세계에 석유 없는 세상을 준비하는 1,200개의 전환도시가 있고 수천 개의 도시 농장과 4,000개의 지역화폐가 있다. 구입하기보다는 나누고 에너지를 만들며 나무를 심고 탄소를 포집하는 수백만 명의 사람들이 있다.

지난 다섯 차례의 대멸종과 달리 지금 진행되고 있는 여섯 번째 대멸종의 원인은 우리 인류이다. 얼마나 다행인가. 우리가 일으킨 문제는 우리가 해결할 수 있다. 우리는 아이들에게 세계가 하루아침에 변할 것이라고 말할 수 없지만 해결책은 있다고 약속할 수 있다. 아직 우리에게는 20년 남짓한 시간이 있다.

피스메이커와 미세먼지

1952년 12월 5일, 런던은 여느 때처럼 안개로 뒤덮였고 유난히 추웠다. 추위가 심해지자 가정에서는 난방을 위해 더 많은 석탄을 때기 시작했다. 때마침 런던의 대중교통을 전차에서 디젤 버스로 전환하는 사업도 완료되었다. 가정과 버스, 화력발전소에서 쏟아져 나온 아황산가스, 매연 등의 오염물질이 짙은 안개와 합쳐져 스모그를 형성하였다.

이때가 처음은 아니었다. 산업혁명 이후 런던에서는 심각한 스모그 현상이 이미 열 번 이상 일어났다. 시민들은 산업 발전에 따른 당연한 현상이라며 대수롭지 않게 여겼다. 영국 정부와 런던시는 아무 조치도 취하지 않았다. 그냥저냥 견디는 수밖에 없었다.

하지만 이번에는 달랐다. 짙은 스모그 때문에 앞이 보이지 않아서 운전을 할 수가 없었고, 무대와 스크린이 보이지 않아서 연극 공연과 영화 상영이 중단되었다. 집 안에 가만히 있어도 눈이 아프고 목이 아프고 기침이 멈추지 않았다. 사상 최악의 스모그는 5일 뒤 바람이 불어 스모그를 몰아

낼 때까지 계속되었다. 닷새 동안의 스모그로 인해 4천여 명이 목숨을 잃었고 10만여 명이 호흡기 질환을 앓게 되었다.

영국 의회는 무려 4년이 지난 1956년에야 청정대기법을 제정했다. 마을과 도시에 연기가 발생하지 않는 무연 연료만 태울 수 있는 구역을 설정하고, 가정용 난방 연료로는 무연탄, 전기, 가스만 사용할 수 있게 했다. 화력발전소는 도시에서 먼 곳으로 이전했고 굴뚝을 더 높였다. 청정대기법은 영국 시민들에게 깨끗한 공기와 건강을 선사하였다. 영국인들은 이제 겨울을 평화롭게 지낼 수 있게 되었다.

어느 사회에나 피스메이커(peacemaker)가 있다. 피스메이커란 분쟁과 전쟁을 종식시키려고 애쓰는 중재자를 말한다. 하지만 상담학에서는 가정이나 직장에서 생기는 갈등을 잠재우기 위해 모든 덤터기를 쓰는 사람을 뜻한다. "며느리가 들어온 다음부터 우리 집안이 조용할 날이 없어", "미꾸라지 같은 김 대리 때문에 총무과는 바람 잘 날이 없지" 같은 식이다. 어떻게 한 사람이 모든 문제의 원인이겠는가? 문제 해결을 위한 복잡한 조사와 토론을 하려니 힘들고 어쩌면 문제가 더 복잡해질 것 같으니까 어리바리한 사람에게 모든 혐의를 씌우는 것이다. 물론 피스메이커로는 결코 문제가 해결되지 않는다.

어느 날부터인가 중국은 우리에게 만만한 피스메이커가 되었다. 무슨 문제만 생기면 중국 탓으로 돌린다. 물론 황사도 중국에서 오고 미세먼지도 중국에서 온다. 대기 문제로

갑론을박하던 사람들도 종국에는 중국 탓을 하며 토론을 마친다. 갑자기 평화가 찾아온 듯하다. 우리는 더 이상 할 일이 없어진다. 문제는 그래 봐야 진정한 평화는 찾아오지 않는다는 것이다.

2018년 1월 14일부터 18일까지 서울을 비롯한 수도권의 대기에는 미세먼지가 가득했다. 이 미세먼지는 어디에서 왔을까? 우리는 쉽게 '중국'이라고 말한다. 미세먼지 농도를 보여주는 위성사진을 보니 중국의 대기는 끔찍한 상태였고 그 미세먼지 뭉치의 꼬리가 서울과 인천, 경기도까지 걸쳐 있다. 음, 역시 중국이다.

그런데 미세먼지의 정체를 살펴보면 그리 간단하지가 않다. 미세먼지 성분은 크게 황산염과 질산염 두 가지다. 황산염은 주로 중국 공장에서 발생하고 질산염은 우리나라 자동차와 가정 난방에서 생긴다. 이번 미세먼지 사태 때 황산염은 평소보다 3.6배 늘었지만 질산염은 10배나 늘었다. 미세먼지의 출처가 우리나라라는 것은 희망의 근거가 된다. 우리가 변하면 미세먼지 농도가 바뀔 수 있다는 것을 말하기 때문이다.

시민들은 자구책을 찾는다. 마스크를 착용하고 산소캔을 가지고 다닌다. 시민 스스로 살 길을 찾으려는 노력은 훌륭하다. 그런데 시민만큼 중앙정부와 지방정부도 훌륭한가! 중앙정부와 국회는 거시적 관점에서 해결책을 찾고 법을 만들어야 한다. 지방정부는 심각한 상황에 즉각적인 대처를 해야 한다.

2018년 1월 서울시가 비상조치를 내렸다. 출퇴근 시간에 대중교통을 무료로 제공하고 자동차 2부제를 권고했다. 안타깝게도 효과는 미미했다. 시민들이 익숙해지기까지는 시간과 경험이 더 필요하다. (시민을 위해 쓴 예산이 왜 낭비인지 모르겠지만) 하루에 50억씩 예산을 낭비했다고 서울시를 질타하는 인근 지방정부도 있었다. 하지만 에너지·환경 전문가 이유진의 말처럼 경기도는 틀렸고 서울시는 부족했다. 서울시의 대책이 성공하려면 경기도와 인천도 함께했어야 했다. 그리고 자발적 2부제가 아니라 강제적 2부제가 필요했다.

이 상태로 2060년이 되면 우리나라의 대기오염으로 인한 조기 사망률은 OECD 중 1위가 될 것이라고 한다. 1952년 런던 그레이트 스모그의 판박이가 될 수도 있다. 이제 중국이라는 피스메이커는 포기하자. 문제를 드러내고 토론하자. 우리에게는 과도하다고 느낄 정도로 강력한 대책이 필요하다. 시민이 죽느냐 사느냐의 문제다.

언니, 그냥 던져요

컬링은 어찌 보면 단순한 게임이다. 스톤을 30.48미터 떨어진 목표 지점(하우스)에 얼마나 가깝게 그리고 많이 밀어 넣느냐가 승패를 결정한다. 그래서 야구에서 투수가 차지하는 만큼은 아니지만 컬링에서도 투척은 아주 중요하다. 자기 스톤을 하우스에 넣으면서 상대방 스톤을 하우스에서 제거해야 한다. 언뜻 보면 알까기처럼 보인다. 물리 선생님들이 아주 좋아할 만한 스포츠다.

컬링에는 운동역학과 열역학이 작용한다. 스톤의 무게는 대략 20킬로그램. 그런데 이상하지 않은가? 스톤을 세게 던지는 게 아니라 얼음 위를 미끄러지다가 그저 슬쩍 놓는 것 같은데 어떻게 묵직한 스톤이 얼음에 들러붙지 않고 30미터 이상 미끄러져 갈까? 고등학교 물리 시간에 배운 바에 따르면 마찰력은 물체의 무게와 표면의 마찰계수의 곱으로 정의되는데 말이다.

다행히 물리학은 거짓말을 하지 않는다. 컬링 스톤이 멀리 가는 데는 물리학적인 이유가 있다. 스톤 바닥 전체가 얼음과 접촉하는 게 아니라 바닥에 붙어 있는 폭이 5밀리미터에 불과한 얇은 고리만 얼음과 접촉하기 때문이다. 또 컬링 경기장 바닥은 거울처럼 반질반질한 빙상 경기장과는 달리 우둘투둘하다. 얼음판에 물을 뿌려서 얼음 표면에 페블(자갈)이라는 작은 알갱이들을 만들어놓았다. 그러니까 우둘투둘한 페블과 스톤 바닥의 고리만 접촉하는 것이다. 그만큼 마찰력이 줄어든다. 고등학교 때 물리를 열심히 배운 독자분은 이 대목에서 비웃을 수 있다. 고등학교 교과서는 '마찰력의 세기는 접촉면의 넓이와는 무관하다'고 가르치니까 말이다. 교과서는 접촉면이 이상적으로 매끄러운 조건을 상정한 것이지만 이런 이상적인 조건은 우리 주변에는 없다. 컬링 경기장도 마찬가지다.

물리학을 잘한다고 운동을 잘하는 것은 절대로 아니다. 축구에서 말하는 바나나킥에는 마그누스 효과라는 게 작용한다. 하지만 마그누스 효과를 잘 이해하는 물리학자들이 마그누스 효과를 들어보지도 못한 축구 선수보다 바나나킥을 더 잘할 것이라고 기대하는 사람은 없다. 운동은 몸으로 하는 것이기 때문이다. (실제로는 절대로 그렇지 않겠지만) 언뜻 보기에 컬링은 다른 경기보다는 체력이나 체격이 결정적인 요소처럼 보이지는 않는다. 그렇다면 물리학자들이 컬링을 더 잘할 수 있을까? 아닐 것 같다. 왜냐하면 물리학을 잘 아는 사람은 더 헷갈리는 부분이 있기 때문이다.

컬링을 할 때 스톤 위에 달려 있는 핸들을 살짝 돌린다.

스톤 진행 방향에 회전을 주기 위해서다. 시계 방향으로 돌리면 오른쪽으로 휘고, 반시계 방향으로 돌리면 왼쪽으로 휜다. 이렇게 회전하는 물질은 컬링 스톤밖에 없다. 다른 모든 물체의 휘는 방향은 그 반대다. 그 이유에 대해 물리학자들은 여러 가지 이유를 댄다. 의견이 분분하다는 것은 아직 제대로 모른다는 뜻이다. 물리학자들이 다른 사람보다 컬링을 더 잘하지는 못하는 게 꼭 헷갈려서만은 아닌 것 같다. 충격량과 기하학으로 완전히 설명할 수 있는 당구조차도 물리학자들이 특별히 더 잘하지는 못하는 것을 보면 말이다.

컬링이 그저 좀 어려운 알까기라고 하면 이렇게 재미있지는 못할 것이다. 컬링은 알까기보다는 체스에 가깝다. 고도의 두뇌 게임이기도 하다. 스킵이 던지는 마지막 7, 8번째 스톤으로 게임이 결정되는데 이때를 위해 사전에 필요한 것이 있다. 가드가 바로 그것. 가드를 정확한 위치에 설치하고 그 뒤에 숨거나 또는 상대방의 가드를 제거하는 게 중요하다. 이것을 위해 스윕이라고 하는 비질을 잘해야 한다.

컬링 경기를 하도 봤더니 어느 나라와 경기할 때였는지 모르겠다. 우리 팀의 스킵인 김은정 선수는 자기가 마지막 스톤을 회전시켜서 상대편 가드 뒤로 과연 넣을 수 있을지 자신하지 못했다. 확신이 서지 않으니 작전을 세우는 데 주저할 수밖에. 이때 나는 분명히 들었다. "언니, 그냥 던져요." 영미 동생 선수 아니면 영미 동생 친구 선수가 한 말이다. 자기네가 비질을 해서 스킵이 투척한 스톤의 길을 열어줄 테니 믿고 편하게 던지라는 뜻이다.

평창 동계올림픽과 패럴림픽은 매우 성공적인 평화 올림픽으로 치러졌다. 하지만 한반도를 둘러싼 국제 정세는 여전히 심상치 않다. 지금이야말로 평화를 향한 시민의 협력이 필요할 때다. 대통령 혼자 스톤을 잘 던진다고 타개될 만한 상황이 아니다. 대학 시절 동지였던 정희용은 "한반도를 안전한 하우스로 만들고 거기에 우리가 던진 스톤을 쌓아 착실히 점수를 따려면, 시민사회 전체가 '안경 선배'와 같은 스킵이 되어야 한다"고 말한다. 그렇다. 촛불을 들었던 시민들은 이제는 빗자루를 들고 스위퍼가 되어야 한다. 전쟁 위험을 부추기는 외세와 경거망동하는 자들을 부지런히 쓸고 닦아내야 한다. 우리 평화는 우리가 지키자.

빗자루를 들고 대통령에게 이야기하자. "언니, 그냥 던져요."

오로라가 있으면 외계인도 있다

외계인이 있을까? 외계인은 당연히 있을 것이다. 우리 혼자 살기에 우주는 너무 넓지 않은가! 자연에 쓸데없는 것은 없다. 넓은 우주에는 수많은 지적생명체가 살고 있을 것이다.

　　우주가 얼마나 큰지 가늠해보자. 지구에서 가장 가까운 별은 태양이다. 햇빛이 지구까지 오는 데 약 8분 20초가 걸린다. 달빛이 지구에 오는 데 1.2초밖에 걸리지 않는다는 것을 생각하면 해는 엄청나게 멀리 있다. 그런데 지구에서 두 번째로 가까운 별은 빛의 속도로 4년 4개월이나 걸리는 곳에 있다. 별과 별 사이는 말도 못하게 먼 것이다. 그런데 우리 은하에는 이런 별이 1천억 개쯤 있고, 우주에는 1천억 개의 별이 있는 은하가 다시 1천억 개쯤 있다.

　　외계인은 반드시 있지만 우리는 그들과 만날 수 없다. 너무 멀리 살기 때문이다. 그들이 아무리 뛰어난 과학과 기술을 보유했다고 하더라도 물리 법칙을 뛰어넘을 수는 없을 테니까 말이다. 외계인들도 우리처럼 행성에서 살까? 너무나 빤한 질문 같지만 그렇지 않다. 25년 전만 해도 태양계 바깥에도 행성이 있다는 사실을 우리는 몰랐다. 1992년에야 펄서 주위를 도는 외계행성 PSR B1257+12B가 발견되었다.

외계행성을 발견하기 어려웠던 이유는 간단하다. 작고 캄캄하기 때문이다. 행성은 빛을 내지 않는다. 지구도 마찬가지다. 하지만 별을 관찰하면 행성을 찾을 수 있다. 망원경으로 어떤 별을 관찰하고 있는데 주기적으로 별의 밝기가 떨어지는 경우를 찾는 것이다. 왜 별의 밝기가 떨어질까? 그 앞으로 행성이 지나가고 있기 때문이다. 이 외에도 몇 가지 방법으로 외계행성을 찾고 있다.

뭐든지 처음이 어려운 법이다. 처음에는 태양계 바깥에 행성이 있으리라고는 상상도 하지 못했다. 외계행성을 상상했다고 하더라도 찾을 방법이 막막했다. 하지만 1992년에 최초의 외계행성을 발견한 다음부터는 외계행성 발견의 봇물이 터졌다. 단 25년이 지났지만 2018년 5월 24일 정오 기준으로 확인된 외계행성은 무려 3,527개에 이른다.

외계행성 가운데 과학자들이 특히 관심을 갖는 행성은 생명이 살 수 있는 행성이다. 생명이 살기 위해서는 몇 가지 조건이 갖추어져야 한다. 간단하다. 지구를 생각하면 된다. 우선 목성 같은 기체형 행성이 아니라 지구, 화성 같은 암석형 행성이어야 한다. 생명의 화학반응이 일어나기 위해서는 바다가 있어야 하는데 바다가 있으려면 그 아래에 암석이 있어야 하기 때문이다. 별과 적당한 거리에 있어서 영하 50도에서 영상 50도 사이의 기온을 유지하고, 크기가 적당해 중력이 너무 크지도 작지도 않아서 생명체가 행성에 붙어 살 수 있어야 한다. 중력이 적당해야 대기가 존재한다. 자기가 온 소행성 B-612에서는 바오밥나무가 자란다는 어린왕자의 말은 거짓이다. 달처럼 중력이 너무 작으면 대기가 행성을 감싸고 있을 수 없기 때문이다. 그리고 무엇보다도 액체 상태의 물이 있어야 한다. 일단 발견된 행성은 수학과 물리학, 화학을 통해 그 정체를 알 수 있다. 별과 행성 사이를 계산하면 행성의 크기와 질량을 알 수 있고, 행성을 스펙트럼으로 관찰하면 어떤 대기가 있는지 알 수 있다.

지구와 같은 조건을 갖춘 외계행성을 찾았다고 가정해 보자. 별과의 거리, 질량, 대기와 물의 조건을 다 갖춘 행성 말이다. 과연 여기에 우리와 비슷한 정도의 지적 능력을 갖춘 외계인들이 살고 있을까? 지구에서도 진화가 일어났는데 거기라고 일어나지 말라는 법은 없다. 충분한 시간만 있었다면 지구인과 비슷하든지 아니면 더 뛰어난 문명을 이룬 외계인이 살고 있을 것이다.

하지만 당장 그들과 신호를 교환하려고 하기 전에 먼저 외계행성에 액체 상태의 핵이 있는지 확인해야 한다. 우리는 햇빛 때문에 살 수 있다. 그런데 태양에서는 태양풍도 온다. 플라즈마 상태의 전하입자다. 태양풍은 생명을 죽인다. 우리가 지구에 살 수 있는 이유는 지구 자기장이 태양풍을 막아주기 때문이다. 지구에 자기장이 있는 까닭은 바로 맨틀 아래에 있는 액체 상태의 외핵 때문이다.

그렇다면 외계행성에 액체 상태의 핵과 자기장이 있는
지 어떻게 확인할 수 있을까? 오로라가 있는지만 확인하면
된다. 지구 남극과 북극의 오로라는 태양풍이 자기장과 충돌
해서 일어나는 현상이다. 오로라가 보인다는 뜻은 자기장으
로 행성이 보호받고 있다는 뜻이다. 지적생명체가 사는 행성
에는 오로라가 있을 것이다.

　　지구 구조는 내핵-외핵-맨틀-지각으로 복잡하다. 하
지만 외핵이 없다면 오로라도 없고 오로라가 없다면 생명도
없다.

평화 월드컵과 우주 탐사선

태양과 지구 사이의 거리는 약 1억 5천만 킬로미터. 1초에 지구를 일곱 바퀴 반이나 돈다는 빛의 속도로도 8분 20초 정도가 걸린다. 하지만 태양으로 탐사선을 보내는 일은 그리 어렵지 않을 것 같다. 태양이 워낙 밝으니 빛만 쫓아가면 길 잃을 염려가 없다. 또 열에 타지만 않는다면 정확히 태양에 착륙하는 것도 가능할 것 같다. 태양의 지름은 지구보다 109배 큰 139만 킬로미터나 되니까 말이다.

그렇다면 이런 것은 어떨까? 서울시청 광장에서 티끌만 한 비행체를 발사해서 1만 킬로미터 떨어진 뉴욕시청 광장에 놓인 지름 3센티미터짜리 구슬을 맞출 수 있을까? 터무니없어 보인다.

그런 일이 일어났다. 2018년 6월 27일. 러시아 월드컵에서 세계 랭킹 57위인 한국이 세계 랭킹 1위 독일을 2대 0으로 꺾은 바로 그날이다. 일본우주항공연구개발기구(JAXA)가 3년 반 전에 발사한 소행성 탐사선 하야부사 2호가 소행성 류구 궤도에 안착했다. 지구-류구 거리는 지구-

태양의 두 배가 넘는 3억 킬로미터. 이에 반해 류구의 지름
은 태양의 15만 분의 1에 불과한 900미터다. 이걸 3만 분의 1
로 축소하면 서울-뉴욕 사이의 거리에 떨어져 있는 구슬이
된다. 하야부사 2호는 사실 이것보다 훨씬 더 어려운 걸 해냈
다. 왜냐하면 류구는 우주에 가만히 떠 있는 천체가 아니라
총알보다 10배 빠른 속도로 날아가고 있기 때문이다.

하야부사 2호의 임무는 류구의 암석을 채취해서 지구
로 다시 돌아오는 것. 일본 과학자들은 하야부사 2호가 암석
을 채취해온다면 태양계의 발생 과정과 생명 탄생의 수수께
끼를 해명하는 데 큰 도움이 될 것으로 기대하고 있다.

2010년 남아프리카공화국 월드컵 때로 돌아가보자.
6월 12일 B조에 속한 우리나라는 그리스를 2 대 0으로 이겼
다. 그리고 6월 14일 E조의 일본도 예상을 뒤엎고 카메룬을
1 대 0으로 이겼다. 우리나라는 다시 16강에 진출할 것 같아
열광에 빠졌다. 하지만 일본은 의외로 월드컵 첫 승에 대해
차분했다. 그들에게는 열광할 대상이 따로 있었기 때문이다.

6월 13일 뜬금없이 일본의 소행성 탐사선 하야부사 1호
가 귀환한 것. 하야부사 1호는 2003년 5월에 발사됐다. 목적
지는 3억 킬로미터 떨어진 소행성 이토카와. 지구 궤도를 넘
나드는 이토카와에는 태양계가 형성될 당시의 물질이 많이
남아 있다. 하야부사 1호는 이토카와에 정확히 2초 동안 착
륙해 암석을 채취하는 데 성공했다. 하지만 하야부사 1호는
이미 망가진 상태. 균형을 잡지 못했다. 급기야 지구와의 통

신도 두절됐다. 우주 미아가 된 것이다.

2007년에 돌아올 예정이었던 하야부사 1호는 3년을 미아 상태로 떠돌다가 2010년에야 귀환했다. 그 사이에 우주를 60억 킬로미터나 떠돌았다. 지구-태양 거리의 40배다.

일본은 이미 오래전에 중국에 아시아의 우주 개발 선두 주자 자리를 내줬다. 이런 상황에서 하야부사 1호의 실종은 또 하나의 커다란 좌절이었다. 그런데 하야부사 1호가 되돌아온 것이다. 일본 열도는 하야부사 1호의 귀환에 환호했고 우주 탐험의 열기가 더 강해졌다. 하야부사 1호의 귀환은 일본 우주과학기술자와 국민에게 엄청나게 긍정적인 에너지를 선사했고 그 결과 지금 하야부사 2호가 류구에서 임무를 수행하고 있다.

이토카와 소행성의 지름은 불과 500미터. 류구 소행성도 900미터에 불과하다. 소행성이라고 모두 작은 것은 아니다. 지름 수십 킬로미터짜리 소행성도 있다. 그런데 왜 소행성 탐사선은 굳이 작은 소행성만 찾아갈까? 돌아오기 위해서다. 작은 소행성은 중력도 작다. 중력이 작으면 탈출 속도가 낮다. 따라서 탐사선의 추진력만으로도 소행성에서 탈출할 수 있다.

러시아 월드컵에 출전한 아시아 국가 가운데 유일하게 조별 리그를 통과해 아시아의 체면을 살려준 일본이 16강전에서 강력한 우승 후보인 벨기에에 패해 탈락했다. 하지만 그들에게는 하야부사 2호가 있다. 우리나라는 조별 리그도 통과하지 못해 아쉽다. 하지만 정작 아쉬운 것은 따로 있다. 우리는 아직 소행성 탐사는 꿈도 꾸지 않았다는 것이다. 하야부사 2호가 2020년 말 무사히 귀환하기를 빈다. 2032년에는 문재인 대통령 뜻대로 남북한이 공동개최하는 평화 월드컵이 열리고 이때쯤에는 우리도 우주 탐사선을 발사할 수 있으면 좋겠다.

설거지 장인

사람은 누구나 칭찬받고 싶어 한다. 쉰이 넘은 나도 칭찬을 받으면 고래처럼 춤까지 추지는 않더라도 으쓱 하는 마음과 함께 더 잘해야겠다는 의지가 샘솟는다. 칭찬은 좋은 것이다. 하지만 동전에 양면이 있듯이 칭찬이 악하게 쓰이기도 한다. 칭찬의 효용을 잘 아는 사람들이 때때로 남의 노동력을 빼먹는 약은 수로 쓰기도 하는 것. 구두를 잘 닦아놓은 아이에게 정당한 보상 대신 몇 마디 칭찬으로 때우려는 심보가 바로 그런 것이다. 이게 버릇이 되면 젊은이에게 몇 마디 칭찬과 더불어 희망고문까지 하게 된다. 이런 일이 가능한 것은 물론 칭찬을 받고 싶어 하는 심리 때문이다.

아무리 약은 사람이라도 아무 때나 칭찬하지는 못한다. 잘한 티가 확 나야 칭찬을 할 수 있는 법이고 흰소리로 하는 칭찬은 티가 나기 마련이다. 이런 점에서 칭찬받기 가장 힘든 사람이 있으니, 이름 하여 가정주부다. 요즘은 덜하지만 예전에는 드라마에서 귀가한 남편이 아내에게 이렇게 물었다.

"오늘 하루 종일 뭐 했어?"

정말 모르나? 가정주부는 하루 종일 일을 한다. 그것도 혼자서. 기껏해야 라디오나 들으면서 말이다. 애들 밥해 먹이고 청소하고 설거지한다. 남의 애도 아니고 자기애들 밥 먹이는 거야 나름대로 즐거운 일이라고 해도 청소와 설거지까지 즐거운 사람은 아무도 없다.

청소와 설거지는 잘해야 본전이다. 잘한 티는 안 나지만 조금만 소홀해도 금방 티가 나서 마치 아무 일도 안 한 것처럼 보인다. 수십 개의 그릇을 깨끗이 설거지했지만 그릇 하나에 티가 살짝만 남아 있어도 설거지 대충한 사람 취급받기 일쑤다. 게다가 설거지는 위험하기까지 하다. 접시나 잔이 곧잘 깨지기 때문이다. 금전적인 손해뿐만 아니라 다칠 수도 있다. 그런데도 "우리 며느리는 설거지를 얼마나 잘하는지 몰라요"라든지 "우리 아내는 설거지 장인이죠. 저는 도저히 흉내 낼 수도 없어요" 같은 이야기는 들어보지 못했다. 설거지에 대해서 가장 유명한 이야기는 "[설거지는] 여자가 하는 일"이고 "하늘이 정해놓은 것"이라는 유명 정치인의 막말이다.

서양 음식은 설거지가 간단하다. 접시에 남은 소스를 빵으로 깨끗이 닦아 먹기 때문에 그릇에 남는 게 없다. 하지만 우리 음식은 어떠한가? 한국 음식을 먹고 난 후에 생긴 그릇을 보고 있자면 심란해진다. 국그릇이며 밥그릇이며 건더기와 잔반이 남아 있고 어떤 그릇도 깔끔한 게 없다. 다른 사람이 먹던 그릇을 설거지하는 일은 절대로 유쾌한 일이 아니다.

일상생활에서 설거지는 청소나 분리수거보다도 더 하기 싫은 일이다. 그런데 설거지해줬다고 고마워하거나 설거지 잘했다고 칭찬하는 일은 없다. 가끔 가다가 설거지 때문에 칭찬받는 사람들은 명절 때 딱 한 번 도와준 남자들뿐이다. 설거지만큼 이 세상에서 불평등하고 부당한 일이 또 어디 있을까?

콘도를 빌려 쓴 다음에도 설거지는 깨끗이 하고 가는 게 상식이다. 물론 관리인이 설거지를 다시 하겠지만 말이다. 가끔 설거지를 하지 않거나 대충 하고 가는 사람들이 있다. 덕분에 명랑 사회 지수가 낮아지곤 한다. 하다못해 콘도에 묵었을 때도 이럴진대 나라를 운영할 때는 어떻게 해야 할까? 자기가 만들어낸 기록물은 대통령기록물관리법에 따라 깔끔하게 정리해서 보관할 것은 보관하고 넘겨줄 것은 넘겨주는 게 상식이다. 그리고 자기가 추진하던 일은 마무리하고, 잘못된 방향으로 추진하다 벌어진 일에 대해서는 양해를 구하고 최대한 정보를 넘겨주는 게 옳다. 그래야 새 정부는 새 일을 할 테니 말이다.

문재인 정부는 설거지 정부가 되었다. 상황이 그렇게 되었다. 하지만 기꺼이 작정한 일이다. 오죽하면 문재인 정부라고 하면 '국민의 나라, 정의로운 대한민국'이라는 국가 비전보다 '적폐청산'이라는 모토가 먼저 떠오르겠는가. 적폐는 설거지감이다. 씻어 없애야 한다. 하지만 설거지는 재밌는 일이 절대로 아니다. 해도 티가 나지 않고 조금만 못 하면

욕먹는 일이다. 게다가 설거지를 '보복'이라 부르면서 훼방을 놓기까지 한다. 설거지감이 나라 안에만 있는 것도 아니다. 국제 관계에도 쌓여 있다. 사드 배치가 옳건 옳지 않았건 간에 이 때문에 중국과의 관계가 심각하다. 대통령이 설거지를 하러 중국에 갔다. 설거지를 하면서 수모도 당했다. 다행히 수모적인 상황을 우호적인 관계로 잘 바꿔냈다. 문재인 정부는 설거지에 능한 정부로 보인다.

언제까지나 설거지만 하고 있을 수는 없지만 이왕 시작한 설거지는 철저히 잘해야 한다. 설거지 열심히 잘하는 며느리를 고깝게 보는 사람들이 있다. 이때 며느리를 아끼는 가족들이 과하게 편들다가 일을 그르치는 일이 있어서는 안 된다. 조용히 도와주면 된다. 며느리가 핀잔 좀 들었다고 불같이 일어서면 며느리만 외로워진다. 지금까지 일하는 것을 보면 문재인 대통령은 냉철하고 철두철미한 사람이니 믿고 응원하면 될 것 같다. 지지자들에게 필요한 것은 무조건적인 옹호와 비판에 대한 조건반사적인 반박이 아니라 오히려 비판자들에 대한 관용이 아닐까?

돈 먹는 하마

나비를 한번도 보지 못한 사람도 노랑나비, 흰나비, 호랑나비를 구분할 수 있다. 이름이 생김새를 알려주기 때문이다. 흔히 뱁새라고 하는 붉은머리오목눈이는 머리가 붉은색이고 눈이 오목 들어가 있다. 노랑부리저어새는 부리가 노란색이고 노처럼 넓적하게 생겼다. 이름을 알면 그 동물이 보인다.

바다에는 '말(hippo)'처럼 생긴 '바다 괴물(kampos)'이라는 뜻의 생물이 산다. 귀여운 바닷물고기인 해마(海馬, hippocampus)에 괴물이란 뜻이 있다니 유감이기는 하지만 말처럼 생긴 건 분명하다. 그렇다면 하마(河馬, hippopotamus)에는 왜 하마라는 이름이 붙었을까? 강(potamus)에 사는 말(hippo)이라니… 도대체 어디가 말처럼 생겼다는 말인가. 차라리 물돼지라는 뜻으로 하돈(河豚)이라고 했다면 불만이 없었을 것 같다.

분자유전학의 증거로 볼 때 하마는 한쪽으로는 고래와 가깝고 다른 쪽으로는 돼지와 (소, 양, 낙타처럼 되새김질을 하는) 반추동물에 가깝다. 말은 소와 달리 반추동물이 아니다. 말과 하마는 멀어도 너무 먼 관계다. 그러니 하마란 이름은 생김새는 물론이고 분자유전학적으로도 옳지 않다. 하마는 고래와 돼지 중에서 누구와 더 가까울까? 놀랍게도 고래다. 고래는 하마의 가장 가까운 친척인 셈이다. 그런데 왜 하마는 고래처럼 생기지 않고 돼지처럼 생겼을까?

고래는 육상을 버리고 바다로 돌아간 포유류다. 간단한 일이 아니었다. 생명 진화의 지난한 과정 속에서 육지 환경에 맞추어 겨우 재편성한 삶의 도구들을 포기하고 다시 바다 환경에 맞추어 호흡에서 생식에 이르는 온갖 장치를 다시 짜야 했다. 물론 고래 혼자만의 외로운 여정은 아니었다. 바다소인 '듀공'과 '매너티'도 육상 생활을 완전히 포기했다. 바다표범과 바다사자는 절반만 돌아갔다. 이에 반해 하마는 육지를 결코 포기하지 않았다. 덕분에 고래보다 더 먼 친척인 돼지와 닮은 모습을 유지했다.

하마는 이름만큼이나 오해를 많이 받는 동물이다. 가장 큰 오해는 하마는 귀엽고 착한 동물이라는 것. 수컷은 만여섯 살이 되면 1,200킬로그램까지 나가는 거구가 된다. 느림보일 것 같지만 시속 50킬로미터로 달릴 수 있다. 중생대 백악기 말기의 최고 포식자 티라노사우루스가 쫓아갈 엄두를 내지 못할 정도로 빠르다. 그리고 매년 500명 이상의 사람이 하마에게 희생당한다. 물론 초식동물인 하마가 사람을 잡아먹는 것은 아니다. 심심하거나 귀찮아서 접근한 사람을 해친다. 하마는 사자나 상어보다 훨씬 더 위험한 동물이다. 하마는 포식자는 아니지만 다른 동물의 먹잇감도 아니다. 감히 하마를 공격하는 동물은 없다. 하마 새끼에게 가장 위협적인 동물은 다른 수컷 하마다. 어미의 수유 기간을 줄여서 얼른 짝짓기하고 싶은 수컷들이 호시탐탐 노리기 때문이다.

바다소는 물속에 있는 풀을 먹는다. 그럴 수밖에 없다. 물 밖으로 나오지 못하기 때문이다. 하마는 바다소와 달리 물속에서 풀을 먹지 않는다. 해가 지면 물가로 나와서 밤새 풀을 먹는다. 하룻밤에 50킬로그램을 먹어치운다. 해가 뜨면 물로 돌아가서 느긋하게 몸을 식히면서 밤새 먹은 풀을 소화시키고 물속에서 배설한다. 하마 똥은 강과 호수에 사는 물고기와 곤충의 영양분이 된다. 물고기는 다시 새와 사람들의 단백질 공급원이 된다.

건기가 되면 하마 똥 때문에 호수에 산소가 부족해진다. 물고기가 떼죽음을 당한다. 괜찮다. 독수리와 악어가 깨끗하게 청소해준다. 그리고 다시 우기가 찾아온다. 생태계는 이렇게 돌고 돈다. 그런데 사람이 모든 것을 바꿔놓았다. 나무를 몽땅 베었다. 댐을 만들고 농사를 지으면서 물의 흐름을 바꿨다. 우기가 되어도 생태계가 회복되지 못하는 일들이 종종 발생하고 있다. 물고기가 줄어들고 어부의 수입이 사라졌다. 사람들은 하마 똥 탓을 하지만 호수 밖의 영양분을 호수 안으로 이동시키는 것은 하마의 역사적 사명이다. 하마는 잘못이 없다.

'침대는 가구가 아닙니다. 침대는 과학입니다'라는 광

고 카피가 있었다. 어찌나 성공적이었는지 정말로 침대는 가구가 아니라고 착각하는 아이들이 있을 정도였다. '물먹는 하마'라는 제습제 역시 브랜드 네이밍에 성공한 제품이다. 하마는 물만 먹고 사는 줄 아는 사람도 있으니 말이다. 이 상표는 '돈 먹는 하마'라는 관용구에서 나왔다. 매년 다음 해 예산안을 심의하는 때가 되면 '돈 먹는 하마'라는 표현을 쉽게 접할 수 있다.

주로 누가 '돈 먹는 하마'로 지칭될까? 돈은 끝없이 투자되는데 거기서 나오는 돈은 없는 분야다. 도서관, 미술관, 박물관, 과학관이 대표적이다. 이들은 정말로 돈 먹는 하마다. 여기서는 수익이 창출될 일이 없으며, 특히 공공 영역에 속한 경우라면 이익이 창출되어서는 안 된다. 땅 위의 영양분을 물속으로 운반하는 것이 하마의 생태적 역할인 것처럼 도서관, 미술관, 박물관, 과학관 역시 자원을 이동시키는 게 본연의 역할이다. 돈 먹는 하마에게는 돈을 아낌없이 주자.

그 많던 명태는 누가 다 먹었을까

해산물이 가장 풍성한 곳은 어딜까? 서울이다. 서울에는 전국의 해산물이 다 모인다. 나는 전남 여수와 여천 바닷가에서 어린 시절을 보냈지만 정작 서울에 와서야 다양한 해산물을 구경할 수 있었다. 가장 큰 충격은 바지락. 내가 살던 동네에서는 조개라고는 꼬막과 홍합밖에 보지 못했다. 꼬막은 사투리고 조개가 표준어라고 생각했을 정도다. 여수에도 생선이 널렸지만 주로 부둣가의 풍경이었다.

그런데 서울에 왔더니 주택가에 생선가게가 있었다. 생선 종류의 다양성에도 놀랐지만 무엇보다도 그 양이 질릴 정도로 많았다. 날렵한 꽁치를 처음 봤다. 그리고 궤짝에 꽁꽁 얼린 채 팔리는 생선을 봤다. 궤짝 길이의 커다랗고 배가 불룩한 생선이 좌우로 엇갈려서 놓여 있는데, 주인아저씨는 꼬챙이로 한 마리를 끄집어내어 몇 토막을 낸 후 손님에게 건네줬다. 전혀 식욕이 돋지 않았다.

한겨울 늦게까지 놀다가 친구 집에서 저녁을 먹게 되었다. 국그릇에는 커다란 생선 토막 하나가 들어 있었다. 친구

어머니가 특별히 챙겨주신 눈깔은 끝내 삼키지 못했지만 두 툼한 생선살은 맛있었다. 친구 식구들의 대화를 들어보니 이 생선이 바로 궤짝에 꽝꽝 얼린 채 팔리던 그 생선이었다. 이름은 동태.

　고등학교 때는 우리 집 밥상에도 명태찌개가 종종 오르곤 했지만 난 좋아하지 않았다. 맛이 문제가 아니라 좋지 않은 선입견이 있었기 때문이다. 궤짝에 들어 있던 동태가 얼리기 전에는 명태라는 이야기를 들었다. "여자와 북어는 삼일에 한 번씩 패야 된다"라는 폭력적인 말에 등장하는 북어가 말린 명태라고 했다.

　명태와 친해진 것은 1983년 대학교에 입학한 후의 일이다. 맥줏집에 노가리 안주가 있었다. 열 마리에 오백 원. 맥주 안주로는 최고였다. 노가리를 씹으면서 군사 쿠데타 세력의 핵심 인물에게 복수하는 듯한 쾌감을 얻기도 했다. 친구들은 노가리가 명태 새끼라고 했다. 생긴 것이나 맛을 보면 그럴 듯하지만 나는 믿지 않았다. 아니, 어부들이 바보가 아닌 이상 커다랗게 자라는 명태를 굳이 새끼 때 잡아서 팔 이유가 없기 때문이다. 아마 다른 종류의 생선일 거라고, 이 친구들은 바닷가에 살지 않아서 그걸 모른다고 생각했다.

　아니었다. 노가리는 명태 새끼가 맞았다. 1963년부터 법으로 노가리를 잡지 못하게 했던 정부가 1970년부터는 노가리 어획을 허용했다. 아마 명태는 아무리 잡아도 끝없이 나오는 생선이라고 생각했나보다. 그럴 만도 했다. 1950~60

년대에는 연 2만 톤 정도에 불과했던 명태 어획량이 1970년 대에는 7만 톤이 넘었으니까 말이다. 1981년에는 10만 톤을 넘기기도 했다.

법은 많은 것을 이야기한다. 1976년에 이미 명태 어획 량의 92퍼센트가 노가리였다. 새끼를 이렇게 잡아먹었으니 결과는 안 봐도 비디오다. 1990년대에는 명태 어획량이 6천 톤으로 줄었다. 그제야 정신을 차린 정부는 잡을 수 있는 명 태의 크기를 10센티미터(1996년), 15센티미터(2003년), 27 센티미터(2006년)로 늘렸지만 이미 늦었다. 2008년에는 어 획량이 0이었다. 한 마리도 안 잡혔다. 박완서의 소설『그 많 던 싱아는 누가 다 먹었을까』의 답은 책을 읽어봐야 알지만 '그 많던 명태는 누가 다 먹었을까?'라는 질문의 답은 뻔하 다. 우리가 먹었다. 찌개, 국, 반찬이 아니라 안주로 다 먹었 다. 이 정도면 제노사이드라고 봐야 한다.

명태를 사랑하는 우리나라가 가만히 있을 리가 없다. 우리나라는 어업 양식화에서 선진국이다. 2014년부터 고성 군 죽왕면의 '한해성수산자원센터'에서 '명태 살리기 프로젝 트'를 벌이고 있다. 책임자는 해양심층수수산자원센터의 서 주영 박사. 그와 동료들은 바다에서 운 좋게 잡힌 자연산 명 태 암수를 이용하여 인공수정을 시킨 후 양식하고 방류하는 일을 하고 있다. 지금까지 총 122만 6천 마리를 방류했다. 처 음 방류한 1천 마리에는 노란 플라스틱 표지를 부착했다. 이 가운데 네 마리가 다시 잡혔다. 그 넓은 동해바다에 놓아준 1

천 마리 가운데 '무려' 네 마리가 잡혔다는 것은 방류 사업이 성공적이라는 것을 말한다. 잡히지 않은 명태들은 동해 어딘가에서 산란을 하고 있을 것이다.

2018년 말 동해안에서 명태가 잡혔다. 깊은 바다에서 한두 마리가 그물에 걸린 게 아니라 수천 마리가 한꺼번에 잡혔다. 이 명태들은 명태 살리기 프로젝트로 방류된 명태의 후손은 아니다. 명태 살리기 프로젝트와는 별도로 자연적인 복원 과정 역시 보호해야 한다. 다행히 2019년 1월 21일부터 명태 포획 금지 기간이 설정되었다. 명태는 1월 1일부터 12월 31일까지 크기와 상관없이 잡지 못한다. 명태가 알을 낳으려면 최소한 3년은 자라야 한다. 앞으로 3년만 더 명태는 우리나라 생선이 아니라 러시아 생선이라고 생각하자. 그리고 더 이상은 노가리를 씹지 말자.

내 인생을 바꾼 그의 등쌀

독일의 작은 도시 본에서 살 때 내가 가장 즐겨 찾던 곳은 대학 본관 앞에 있던 부비에르 서점이었다. 부비에르 서점은 외벽을 백화점 쇼윈도처럼 꾸며 책으로 화려하게 장식했다. 서점 안에는 분야별로 사서들이 있었는데 군데군데에서 책을 읽고 있었다. 그들에게 다가가 어떤 주제의 책을 찾는다고 하면 책을 골라줬는데 은근히 고객과 이야기를 많이 했다. 고객의 지적 수준과 필요에 따라 맞는 책을 권하기 위해서였다. 서점의 사서와 몇 달 만에 친구가 되었다. 길에서 만나면 "아모스 오즈의 책이 한저 출판사에서 나왔는데 네가 좋아할 것 같던데. 오후에 들러봐"라고 말할 정도가 됐다.

물론 도서관도 좋았다. 어느 날 도서관에서 과학 잡지를 뒤적이다가 "지난 천 년에는 모두 며칠이나 있었는가?"라는 퀴즈를 보았다. 윤년 규칙과 역사만 알면 쉽게 풀 수 있는 문제인데 내 답은 자그마치 열흘이나 틀렸다. 왜 틀렸을까? 시립도서관에 갔다. 개가식 서가에서 달력에 관한 책을 한 권 찾아 읽었지만 궁금증은 끝이 없었다. 다행히 내 궁금증을 풀어줄 책은 도서관에 다 있었다.

　달력에 관한 책은 몇 권만 읽을 생각이었다. 그런데 내가 달력에 관심이 있는 것을 눈치 챈 사서가 어느 날부터인가 달력에 관한 책을 찾아놓고 나를 기다렸다. 본에 없는 책은 다른 도시에서 대출해 갖다놓았다. 사서의 등쌀에 나는 달력에 관한 책을 계속 읽어야 했고 결국 『달력과 권력』이란 책을 쓰게 되었다. 그리고 내 인생의 행로가 달라졌다. 독일 도서관이 내 삶을 바꾼 셈이다.

　독일에는 시립도서관이 정말 많다. 그 당시 한국과 비교하니 한없이 부러웠다. 그런데 웬걸! 귀국해보니 우리나라도 그 사이에 도서관이 엄청나게 늘어나 있었다. 내가 어릴 때는 집에서 가장 가까운 도서관은 24킬로미터 떨어진 곳에 있었지만, 지금 살고 있는 동네에는 집 반경 2킬로미터 안에 커다란 시립도서관이 두 개나 있을 정도다.

　어느 때부터인가 "우리나라에는 도서관이 '절대적으로' 부족하다"라는 말이 거의 들리지 않는다. 공공도서관만 해도 2016년 말 기준으로 989개에 달했다. 문체부는 2016년에 발표한 '제2차 도서관발전종합계획'에서 공공도서관 1천 개, 총 장서 수 1억 권 돌파를 목표로 제시했다. 여기서 멈추지 않는다. 도종환 문체부 장관은 2017년 7월 한 인터뷰에서 공공도서관을 임기 내에 300개 더 신설하겠다고 밝혔다. 고마운 일이다.

　그런데 도서관이란 무엇일까? '건물'이라고 대답하는

분은 설마 없을 것이다. 하지만 '책'이라고 대답하는 분은 매우 많을 것이다. 맞다. 근사한 건물보다 책이 더 중요하다. 하지만 나는 생각이 조금 다르다. 나는 도서관은 '사서'라고 생각한다. 사서는 책을 빌려주고 받은 책을 닦아서 서가에 꽂는 일을 하는 사람이 아니다. 사서는 책과 독자를 연결해주는 지식 큐레이터다. 근사한 현대식 도서관 건물에 수만 권의 책이 있다고 해서 우리가 그걸 다 읽을 것은 아니지 않은가. 내게 맞는 책을 찾아 권해주고 내 독서 인생을 이끌어줄 사람이 필요하다. 그들이 바로 사서다. 사서야말로 도서관의 핵심역량이자 생명이다.

그렇다면 우리나라에는 사서가 몇 명이나 있을까? 도서관 사서는 면적과 장서에 따라서 조정된다. 2016년 말 기준으로 공공도서관의 법정 사서 인원은 2만 3,222명이다. 이는 규정에 따르면 공공도서관마다 평균 23명의 사서가 있어야 한다는 뜻이다. 도서관에서 눈을 아무 데다 돌리면 한눈에 들어오는 사서가 있어서 도움을 청할 수 있는 숫자다. 그런데 도서관에서는 그런 경험을 할 수 없다. 정원은 정원일 뿐이다. 실제 배치된 인원은 4,238명. 도서관 한 곳당 4명에 불과하다. 정부가 규정을 지키지 않고 있는 것이다. 사서가 나서서 이용자를 도와주기는커녕 이용자가 도움을 청할 사서를 찾기도 어려운 형편이다. 적폐다.

적폐 청산을 외치는 새 정부가 들어섰으니 이제 올바로 바뀔 것 같지만 실제로는 거꾸로 가고 있다. 문체부는 공공

도서관에 사서 3명을 반드시 두기로 했다. 대신 면적과 장서에 따라 충원해야 한다는 기준은 없애기로 했다. 규정이 비현실적이라 지키기 어렵다는 이유다. 그런데 규정이 있어도 채우지 못하고 있는 정원은 어떻게 될까? 몇 년 후 한국 공공도서관의 사서는 3천 명 수준으로 떨어질지도 모른다.

한국의 출판과 도서관 생태계는 거의 무너졌다. 지식 허브가 사라지고 있다. 도서관은 조금 나중에 지어도 좋으니 사서를 먼저 충원하자. 세상을 바꾸는 것은 건물이 아니라 사람이다. 사서가 먼저다.

저도 이정모 관장은 처음입니다만

[편집자 주]

『저도 과학은 어렵습니다만』은 1년 전쯤인 2018년 1월 5일에 출간되었습니다. 그동안 저자에 대한 궁금증, 과학 공부 방법에 대한 조언 요청 등부터 정치 비판이 강하게 개진된 내용에 대한 호불호 의견까지 독자분들의 다양한 의견과 요청이 있었습니다. 제2권을 출간하면서 자주 제기된 독자분들의 의견이나 질문을 저자에게 전달하고 직접 답변을 듣는 시간을 마련했습니다.

—— 책 제목에 관한 질문을 먼저 드려야겠네요. 자신의 책이지만 책 제목이 자주 헷갈린다면서요?

　사실 좀 그렇지 않나요? 저만 헷갈리나요? (웃음) 문장형 제목이라 연결 조사나 어미를 자주 틀리나봐요. 『저는 과학이 어렵습니다만』, 『저도 과학은 어렵더라구요』, 『저도 과학은 처음입니다만』 등등. 요즘도 많이 헷갈리고 있어요.

—— 과학자가 과학이 어렵다는 건 그냥 반어법이겠지요?

　아뇨, 진심입니다. 과학자들에게도 과학은 어려워요.

왜냐하면 과학 지식은 엄청나게 성장하고 있거든요. 갈릴레오가 아리스토텔레스의 천동설을 반박한 증거 가운데 하나가 목성의 달이었어요. 아리스토텔레스는 모든 천체는 지구를 중심으로 돈다고 했는데 목성에 달이 있다는 것은 아리스

계단실
Stairs

토텔레스의 말이 틀렸다는 뜻이잖아요. 이때 갈릴레오가 발견한 목성의 달은 겨우 4개였습니다. 그런데 그다음에 슬금슬금 늘어나서 13개, 17개가 되더니 2017년 1월에는 67개가되었어요. 그리고 같은 해 4월에는 69개가 되고 2018년 여름에는 열 개가 더 발견돼서 이제는 79개입니다. 이걸 지식으로 다 알고 기억하는 게 과학이라면 과학자에게조차도 당연히 어렵죠. 그러나 과학을 생각하는 방법이나 삶의 태도로 받아들이면 어렵다, 쉽다의 문제는 아니죠.

—— 쉽고 어렵고를 떠나 더 중요한 게 있다는 거죠?

어렵거나 실패를 많이 겪을지라도 우리 삶을 향상시키기 위해 익혀두어야 할 방법과 태도가 과학이에요. 과학은 어려울 수 있지만 어려움을 극복하고 깨달았을 때, 뭔가 알아내고 새로운 것을 만들어냈을 때 재미를 느끼는 거지요. 흔히 과학관을 설계할 때도 어떻게 쉽게 설명하거나 보여주느냐에 초점을 두곤 하죠. 그런데 제 생각에는 어렵더라도 관람객 스스로 해보면서 깨우치는 게 훨씬 중요해요.

—— 서평 중에 "이 정도면 제목을 '저도 박근혜는 싫습니다만'이라고 지었어야 했다"라는 재치 있는 지적이 있었습니다. 이에 대해서는 어떻게 생각하세요? 그런데 이번 책은 정치 이야기를 거의 찾아볼 수 없는데요.

시대 상황이 있었던 것 같아요. 저도 걱정을 많이 했죠. 저도 모르게 '기승전-박근혜'가 되더군요. 그래서 칼럼을 쓸 때마다 "이번에는 절대로 정치 이야기 하지 말아야지" 하고 다짐하곤 했는데 잘 안 되었어요. 그만큼 시대가 처참했지요. 다행히 이번 정부 들어서는 자제가 잘되고 있습니다. 그

렇다고 해서 불만이 없는 것은 아니고요. (웃음)

—— 『저도 과학은 어렵습니다만』은 부제가 '털보 과학관
　　장이 들려주는 세상물정의 과학'이고 세상물정을 이
　　야기하다 보면 자연히 정치 문제도 거론될 수밖에 없
　　겠죠. 과학자의 정치 참여에 대해서는 어떻게 생각하
　　세요?

　　과학이 세상이나 정치와 동떨어진 게 아니기 때문에 과
학이나 과학계를 잘 알고 정치에 참여하는 사람이 꼭 필요하
다고 봅니다. 꼭 정치권 참여가 아니더라도, 과학자의 발언
자체는 세상이나 정치와 무관하게 이뤄질 수는 없어요. 박근
혜 정부 말에 ESC(Engineers and Scientists for Change)라고 해
서, 변화를 꿈꾸는 과학기술인 네트워크라는 단체가 생겼는
데 이러한 흐름도 과학자로서의 정체성을 가지고 세상에 참
여하겠다는 뜻을 담은 거라고 할 수 있죠.

—— 매체에 자주 출연하니까 대중들은 관장님을 거의 연
　　예인으로 인식하기도 합니다. 페이스북 프로필에는
　　'영화배우'라고 자신을 소개하고 있고요. 그래서 드리
　　는 질문인데, 외모가 관장님의 인기 비결이라는 의견
　　도 있던데요? (웃음)

　　여균동 감독의 〈예수보다 낯선〉이라는 영화에 출연했
어요. 이 영화는 2018년 전주국제영화제에서 상영되었죠. 그

러니 저 영화배우 맞습니다. 외모에 대해서는 글쎄요, 적지 않은 분들이 저를 외모로 기억해주시는 부분이 처음에는 많이 섭섭했어요. 하지만 지나고 보니 섭섭할 일이 아니라 고마운 일이더군요. 키 크고 멋지게 생긴 게 아니라 키 작고 통통하고 배 나온 것까지 좋게 봐주시니 고마울 따름이죠.

—— 과학관 업무와 칼럼 집필로도 벅찰 텐데, 어떻게 그런 많은 일을 소화하는지, 하루 일과가 궁금하다는 독자 질문도 많았습니다.

잠 안 자고 TV 안 보면 됩니다. 노력해서가 아니라, 나이가 드니까 저절로 잠이 많이 줄어들어서 새벽 4시면 깨요. 새벽 시간에 독서나 글쓰기를 많이 합니다. 집에서 과학관까지는 차로 한 시간 정도 걸리는데, 출근 시간대에는 교통 체증이 심하니까 길에서 버리는 시간이 아까워서 일찍 출근하죠. 이런 식으로 낭비될 시간을 줄이면 충분히 가능합니다.

—— 글이나 강연, 방송에서도 관장님 특유의 유머가 항상 빠지지 않습니다. 늘 즐거움을 잃지 않는 비결이 있을까요? 유머 감각은 노력만으로 되는 건 아닐 텐데 원천이 있다면요?

유머의 원천은 아버지와 친구인 것 같아요. 아버지는 몇 해 전에 돌아가셨는데 은근히 유머가 많은 분이셨어요. 우리 어머니는 전혀 동의하지 않으시지만요. 말 많은 수다쟁이 친

구들도 큰 원천이에요. 보통 사람 만나서 이야기하면 피곤해
지잖아요. 저는 친구들 만나서 떠들고 나면 오히려 에너지가
더 생기더라구요. 친구들과 나눈 이야기를 조금만 비틀면 저
절로 유머가 되는 것 같아요. 물론 연습도 중요합니다.

—— 출판계에는 "과학책은 이정모 관장의 추천사가 들어
　　가는 책, 들어가지 않는 책 두 종류로 나뉜다"는 농담
　　이 있습니다. 추천사를 이렇게 많이 쓰는 이유가 있습
　　니까? 거절을 잘 못하는 건 아닌가요?
　　추천사 쓰는 걸 아주 좋아합니다. 추천사를 쓰려면 책
을 읽어야 하잖아요. 시간 부족을 핑계로 신간 읽기에 게을
러지는 것이 자동적으로 예방됩니다. 게다가 추천사를 쓰면
원고료도 주니 좀 좋아요. 거절을 못하는 게 아니라 안 하는
거예요. 제 추천사가 책 판매에 얼마나 도움이 되는지는 모
르겠습니다만. (웃음)

—— 첫 책인 『달력과 권력』은 독일 유학 시절에 쓴 책이네
　　요. 전공인 '곤충과 식물의 커뮤니케이션'과는 아무
　　관련이 없는 주제인데, 어떻게 이 책을 쓰신 거죠?
　　독일 유학 중이던 1999년 한 독일 잡지에서 노트북을
상품으로 걸고 '새 천년 맞이 퀴즈'를 냈어요. 첫 퀴즈가 '지
난 천 년에는 모두 며칠이나 있었겠는가?'였죠. '이거야말로
가난한 유학생에게 노트북을 선물해주려는 신의 뜻'이라 여

기며 신이 나서 답을 적어 보냈습니다.

1년이 365일이니까 1000을 곱한 36만 5000일일까요? 아니죠. 4년에 한 번 윤년이 있잖아요. 그게 다가 아니에요. 그레고리력은 율리우스력의 오차를 줄이기 위해 100으로 나누어지는 해의 경우엔 윤년이 없도록 하면서 400으로 나누어지는 해에는 다시 윤년을 두는 이중의 예외 규칙을 뒀어요. 그래서 100으로 나눠지지만 동시에 400으로 나눠지는 서기 2000년이 윤년이 된 거예요. 자신만만하게 응모했죠.

—— 노트북을 득템하셨나요?

아뇨. 제 답이 틀렸어요. 제 생각보다 10일이 더 많았죠. 로마에서 처음 그레고리력을 채택할 때 이전에 쓰던 율리우스력에서 생긴 오차를 해결하기 위해 1582년 10월 4일 다음

날을 10월 15일로 삼았어요. 이후 유럽의 다른 나라도 일자는 조금씩 달랐지만 달력에서 열흘씩을 지워버렸는데 그때만 해도 전 거기까지는 몰랐던 거예요. 아무튼 이를 계기로 달력의 매력에 빠졌어요. 그래서 9개월간 여러 도서관을 찾아다니며 수메르 시대 달력부터 중국과 한국의 달력까지 각종 자료를 섭렵하면서 그 책을 쓴 거예요.

—— 원고 마감 압박은 글 쓰는 사람들의 숙명이라고도 하죠. 관장님은 어떠세요?

원고 마감일, 마감 시간까지 미완된 원고를 가지고 있으면 누구나 압박감을 굉장히 느끼죠. 그래서 저는 마감일의 압박을 피하기 위해 마감 전에 원고를 보내는 걸 선호합니다. 내일이 마감이면 오늘 보내는 거죠. 그럼 좀 사정이 나아요. (웃음)

—— 하하⋯ 묘하게 설득력이 있으면서도 갸우뚱해지는 답변이네요. 어쨌든 상당히 빨리 쓰시는 거잖아요?

남보다 원고를 쓰는 기준이 낮은 거예요. 역사에 남을 불후의 명작을 쓰는 게 아니잖아요? 글은 콘텐츠와 구성, 문장으로 이뤄지는데 문장력은 타고나는 것이라 한계가 있지만 구성은 노력 여하에 따라 확 달라집니다. 타고난 문장가가 아닌 사람은 정해진 시간 안에 구성을 잘하는 게 핵심입니다. 칼럼을 쓸 때는 무조건 1시간 30분 안에 쓰겠다고 마음먹고 자리에 앉아요. 글감을 찾거나 관련 자료를 읽는 등의 사전 작업은 제외하고요. 보통 새벽에 글을 쓰는데 딱 1시간 30분 안에 씁니다. 그 후에 마감 시간이 되기 전에 다시 꺼내 읽으면서 한번 퇴고한 뒤 보내지요.

—— 글쓰기 소재는 어떻게 찾으시나요?

독서하면서 아이디어를 떠올릴 때가 가장 많겠죠. SNS도 큰 도움이 됩니다. 훌륭한 SNS 친구들이 종종 중요한 논문을 찾아서 번역해서 올려놓곤 합니다. 저널 검색 시간이 훨씬 줄어들죠. 뿐만 아니라 SNS에는 실로 다양한 사람들의 일상과 다채로운 견해들이 올라오잖아요. 좋은 소재가 많습니다.

—— 현재 집필 중인 원고가 있나요? 또 '나중에라도 이런 책은 꼭 쓰고 싶다'고 생각하는 책은 어떤 건가요?

지금 쓰고 있는 책이 몇 권 되지요. 하나만 말씀드리면 아르테 출판사가 펴내는 클라우드 클래식 시리즈의 『다윈』 편을 쓰고 있습니다. 이 책을 위해서 2017년에는 영국 전역을 다니면서 다윈의 흔적을 좇았고요, 2018년에는 갈라파고스에 다녀왔죠. 꼭 다녀와야 쓸 수 있는 것은 아니지만, 같은 장소에서 같은 하늘을 바라보고 같은 공기를 마시고 싶었습니다. 그러면서 다윈이 존경하는 인물에서 친근한 인물로 다가오더라고요. 나중에 꼭 쓰고 싶은 책 같은 것은 없어요. 뭐

든지 기회가 되면 쓰죠. 세상에 내가 아니면 못 쓰는 책이란
건 없을 테니까요.

—— 과학 커뮤니케이터가 되려면 지식도 중요하지만 타인
　　과의 소통 능력이 필수겠지요. 커뮤니케이션에 공을
　　들이게 된 계기가 있나요?
　　원래 천성적으로 남들과 말을 섞는 것을 좋아해요. 그
　　런데 그냥 수다스러운 것 말고, 내가 알고 있는 걸 상대방이

이해하기 좋게 표현하려고 의식적으로 노력한 계기를 꼽자면 야학입니다. 대학 2학년 때부터 야학 교사를 했어요. '연동 청소년학교'라고 제가 다니던 교회에서 운영한 야학인데 9년 정도 교사를 했어요. 이 야학은 검정고시를 목표로 하는 청소년을 위한 곳이었습니다. 배우러 오는 청소년들은 낮에 일하고 피곤에 지친 채 공부하러 와요. 그들의 얼굴을 보면 '어떻게 하면 이 친구들이 조금이라도 더 쉽게 배울 수 있을까'라는 고민이 절로 듭니다. 그래서 여러 각도로 연구했어요. 교과서도 다시 쓰고, 비디오 교재를 만들어보기도 하고. 전문가가 아닌 사람들에게 뭔가를 쉽게 설명하는 노하우는 그때 많이 늘었던 것 같습니다.

—— 그동안 읽은 많은 과학책 중에서 '무인도에 가져갈 단 3권의 과학책'을 추릴 수 있을까요?

과학자라고 과학책만 가지고 간다는 생각은 선입견이에요. 전 소설이나 비과학 도서도 자주 읽거든요. 무인도에 가면 사람이 얼마나 그립겠어요. 사람 냄새가 물씬 나는 책을 좀 가지고 가야지요.

—— 이런, 너무 상투적인 질문을 했군요. 그럼 질문을 살짝 바꿔서 『저도 과학은 어렵습니다만 2』가 약 1년여 만에 출간되는데, 지난해에 읽은 책 중에서 가장 인상 깊었던 과학 도서, 비과학 도서를 한두 권씩 꼽는다면요.

지난 1년 동안 가장 인상 깊었던 책은 『섬에 있는 서점』의 작가인 개브리얼 제빈이 쓴 『비바, 제인』이었습니다. 잊힐 권리에 관한 책이죠. 다양한 측면에서 도전이 많이 되었어요. 히라노 게이치로의 소설 『마티네의 끝에서』도 인상적이었죠. 40대의 사랑에 관한 책입니다. 저야 이미 50대라서 늦었지만 오랜만에 애틋한 감정을 안고 주인공과 일체가 된 경험이었죠.

과학책으로는, 딱히 과학책이 아닐 수도 있는데, 『진도 7, 무엇이 생사를 갈랐나』입니다. 일본 고베 지진 때 무수히 많은 사상자들이 생겼는데 그들이 왜 죽었는지를 추적한 책이죠. 시간 단위로 추적하는 NHK 취재팀의 집념과 시각화 능력 그리고 아카이빙에 투자한 일본 사회를 존경의 눈으로 보게 되었지요. 김도윤의 『만화로 배우는 곤충의 진화』는 정말 최고죠. 만화니까 재밌어요. 그런데 여기서 그치는 게 아니라 곤충을 매개로 진화 전반에 대한 이해를 제공하는 책입니다. 나도 그림을 그릴 수 있으면 좋겠다, 라는 생각이 들었습니다.

—— 분야를 가리지 않는 독서 편력이 궁금하군요. 언제부터 책을 가까이했나요?

어렸을 적 집에 책이라고는 이희승의 국어대사전과 민중서림에서 나온 13권짜리 백과사전밖에 없었어요. 아버지는 저에게 "백과사전과 국어사전이 있으니까 너는 대학원 졸

업할 때까지 이것으로 공부할 수 있다"라고 말씀하셨죠. 저
와 두 살 어린 제 동생은 초등학교 내내 국어사전과 백과사전
만 읽은 겁니다. 거기서 읽은 지식으로 서로 잘난 척을 하고
는 했죠. (웃음)

　　여수에서 초등학교를 다니다가 4학년 때 서울로 유학
을 왔어요. 하지만 방학 때마다 여천에 있는 집에 갔죠. 이모
가 『꽃들에게 희망을』이라는 책을 선물로 주셨어요. 제 인생
의 첫 번째 책이었죠. 내 책이 생기니까 책에 대한 관심이 많

이 가더군요. 그래서 이모 책장에서 몰래 책을 훔쳐봤어요. 주로 달력으로 표지를 감싸서 제목이 안 보이는 책들이었죠. 요즘은 『채털리 부인의 연인』이라는 제목으로 나오는 『채털리 부인의 사랑』 그리고 『별들의 고향』 같은 책이었어요. 문학에 눈을 확 뜨게 되었습니다. 그러다가 중1 겨울방학 때는 매주 여수 시내 로터리에 있는 서점에 갔어요. 삼중당 문고가 가장 저렴하더군요. 김동인의 「배따라기」, 김유정의 「동백꽃」 등 한국 문학을 많이 읽었어요. 재수 생활 끝날 때까지 삼중당 문고가 제 독서의 전부였습니다.

—— 삼중당 문고와 한국 문학을 많이 읽던 소년이 대학에 가서는 달라졌나요?

종로5가 연동교회 도서관에서 재수 생활을 했어요. 1980년대 수배당한 대학생들이 그곳에 숨어 살았죠. 경찰도 그 사실을 알았지만 감히 예배당에 들어오지는 못 했던 시대였어요. 거기서 만난 형과 누나들의 영향으로 그들이 갖고 있던 책을 읽기 시작했어요. 『한국경제의 전개과정』(돌베개) 같은. 어릴 때라 읽었다고 우쭐거리면서 책에 대한 제 생각을 말하면 형, 누나들은 귀여워하며 다른 책을 내주고는 했죠. 『아무도 미워하지 않는 자의 죽음』, 『난장이가 쏘아올린 작은 공』 등을 읽으면서 본격적으로 사회과학 독서에 빠져들었습니다.

—— 대학 시절까지도 의외로 과학책은 많이 안 읽었던 거
네요.

맞습니다. 문학과 인문사회 책을 주로 읽었어요. 전공
서 외에 본격적으로 과학 교양서를 읽기 시작한 건 유학 가
서부터라고 할 수 있지요. 유학 가서 어느 날 대화 중에『종의
기원』이 화제에 올랐어요. 교수가 "『종의 기원』을 어떻게 읽
었냐"고 물었는데 제가 "안 읽었는데요"라고 답하니까 너무
어이없어 하더군요. "네 전공이 생화학이고, 생태·유기화학
을 다루는데, 어떻게『종의 기원』을 안 읽을 수가 있느냐. 1주
일간 실험실 안 나와도 되니까『종의 기원』읽고 와라"고 했

던 에피소드가 있어요. (웃음)

사실 어릴 적 과학책을 거의 못 읽었던 것은 제 탓만은 아니지요. 당시에는 책이 없었는데 어떻게 읽어요. 유학 가서 4년쯤 지났을 때였나. 독일 서점에 가니, 전공 서적 말고 다양한 과학 교양서가 쌓여 있더군요. 비전공자가 얼마든지 읽을 수 있는 책들이었어요. 그 세계에 빠져들었죠. 그 책들을 보면서 '내가 하고 싶었던 것이 어려운 과학 이야기를 세상 사람들에게 쉽게 알려주는 일이었지. 이 길로 가면 되겠구나' 생각했죠.

—— 결국 독일에서 접한 교양 과학서들이 오늘날의 과학 커뮤니케이터 이정모를 만들었군요. 이제 우리나라도 예전에 비하면 좋은 과학 교양서들이 많이 늘어났죠?

대폭 늘었죠. 좋은 외서도 많이 번역되고 최근에는 국내 과학 필자들의 층이 두터워지면서 빼어난 성과들이 많이 나오고 있어요.

—— 이공계는 글쓰기에는 좀 취약하지 않은가 하는 선입견이 깨지고 있습니다. 과학 지식과 별개로 문장력이나 표현력으로만 보아도 뛰어난 과학 필자들이 대거 늘어난 원인이 뭘까요?

요즘 '문송합니다'라는 말을 흔히 한다면 예전에는 '이공계는 단무지'라고 했잖아요. 그런데 생각해보면 고등학교 때까지 똑같이 공부하던 사람이 대학을 이공계로 진학했다고 갑자기 글을 잘 쓰고 못 쓰고 하는 건 아니죠. 결국 얼마나 평소에 책을 많이 읽고 자신의 생각을 글로 대중들에게 표현하려고 노력해왔느냐 하는 점이 관건일 텐데, 전보다 이공계 지식인들이 대중 앞에서 자신이 하는 일을 설명해야 하는 상황이 자꾸 늘어나고 있습니다. 또 독자들이 과학책은 어렵고 재미없다고 멀리하던 상황에서 조금씩 벗어나니까 '아, 그럼 나도 책을 한번 써볼까' 하는 필자들도 늘어났죠. 독서 생태계가 조성이 되니까 필자군도 늘어난 겁니다. 학문적인 관점에서는 분과 학문이 점점 더 세분화되는 한편으로 융합 학문의 필요성도 점점 커지고 있어요. 인공지능, 뇌과학 등이 대표적이지요. 지능과 뇌의 작용을 이해하려면 인류가 쌓은 정신세계에 대한 안목이 필수적입니다. 논리학, 문학, 인식론 등 인문학의 영역이 과학 또는 공학과 밀접하게 연결이 되는 추세라 과학자들도 이런 인문사회적인 공부가 늘어날 수밖에 없습니다. 이런 여러 조건들 때문에 앞으로도 과학을 바탕으로 좋은 글을 쓰는 필자들은 점점 더 많아질 거예요.

—— 만화도 즐겨 보신다면서요?

어렸을 땐 어른들 말 잘 듣는 모범생이어서 만화를 못 봤어요. 대학 졸업할 때까지 만화책을 읽은 기억이 거의 없죠. 요즘에는 얼굴이 두꺼워져서 사람 많은 전철에서도 만화를 읽어요. 사람들이 쳐다보든 말든 개의치 않거든요. (웃음)

만화라고 우습게 보면 큰 코 다칩니다. 제가 강연 가서 종종 언급하는 만화도 있어요.『만화 갈릴레이 두 우주 체계에 관한 대화』라는 만화인데, 천동설과 지동설의 역사적 대립과 전환 과정을 이해하는 데 아주 훌륭한 책입니다.『트윈 스피카』,『토성 맨션』 등 과학 만화는 아주 좋아하죠.『토성 맨션』같은 SF 만화책은 과학적이고 메시지도 아주 분명해서 부담 없이 읽을 수 있어요. 작년에 푹 빠져서 읽었던 만화는『우주 형제』인데 국내에 33권까지 번역 출간되었어요. 아직도 완결되지 않았어요.

—— 직접 관람객들을 안내하거나 도슨트를 자청하시는 일이 종종 있다고 들었습니다.

사전에 약속하지 않고서 "제가 여기 관장인데 안내를 해드려도 될까요"라고 말하면 처음에는 많이들 당황하거나 어색해하십니다. 그렇지만 설명을 듣다보면 흥미를 갖고 질문도 많이 던지시고 그래요. 이렇게 관람객의 반응과 궁금해하는 사항을 알기 위해서도 종종 나서곤 합니다. 사실 행정적인 일만 하고 앉아 있으면 재미없어요. 저는 관람객과 직접 마주하고 대화하는 게 좋습니다.

—— 지역 주민 반응은 어떤가요? 과학관이 처음 들어설 때는 갸우뚱했을 텐데요. 지역 주민들도 과학관에 많이 참여하시나요?

매일 오다시피 하는 분들도 꽤 있습니다. 관람이 아니라 직접 해보시는 분들도 늘고 있고요. 또 저희 과학관은 청소년 과학관이지만 부모들이나 주민들이 참여할 수 있는 프로그램도 많이 운영하고 있습니다. '부모가 먼저 배우는 과학', '과학하는 여성들' 등 다양한 프로그램을 운영해봤고 그때마다 지역 주민 참여도 늘어났습니다. 최근에도 상설적으로 '성인 과학 교실'을 운영하고 있고요.

관람객으로서만 아니라 도슨트로 참여하는 분들도 많습니다. 박물관을 가장 잘 아는 이들은 13~14년차 지역 도슨트들입니다. 공무원은 바뀌어도 도슨트는 안 바뀌거든요. 그분들은 공무원도 모르는 전기 콘센트 위치까지 훤히 꿰고 있어요.

—— 과학관이 지역에서 과학에 대한 관심을 촉발하고 성

장시키는 주요한 거점인데요. 이렇게 보면 과학관 수
가 아직 턱없이 부족한 건 아닌가요?

서울시 어디든지 걸어서 20분이면 공공 도서관에 갈 수
있어요. 그런데 과학관은 안 그래요. 서울시립과학관이라고
는 하지만 사실 노원구 주민들만 충분히 이용하기에도 부족
해요. 서울 전체로 보면 우리 과학관 같은 곳이 구마다 하나
씩 있어야지요. 아무리 적게 잡아도 최소한 서울시에 대여섯
개는 있어야 정상이에요.

—— 서대문자연사박물관, 서울시립과학관을 다 맡아 경험
하셨으니 과학관 전문가라고 해도 과언이 아닐 겁니
다. 만일 예산과 지원 조건에 아무런 제약이 없다면 한
번 해보고 싶은 과학관이 있을까요? 박물관도 좋고요.

전시실이 따로 없는 과학관을 만들어보고 싶어요. 전시
실 대신 거대한 실험실이 있는 과학관이죠. 과학고등학교 수
준의 시설을 갖추고 교사와 과학자들이 상주하면서 과학 실
험을 하는 과학관 말입니다. 시민들이 과학자들과 같이 고민
해서 실험을 설계하고 실제로 진행하면서 데이터를 얻고 장
비를 만들어내는 곳이죠. 복도와 전시장 벽은 이곳에서 나온
물건과 논문을 포스터로 전시하고 토론할 수 있고요. 우리나
라 정도면 충분히 할 수 있습니다. 돈도 많이 들지 않아요. 문
제는 사람을 많이 고용할 수 있어야 하죠. 자리만 있으면 오
실 분은 많아요.

──── 지난해에 발달장애 청년들에게 양질의 일자리를 제공하기 위한 '푸르메스마트팜' 건립 자금에 써달라고 1억 원의 기부 약정을 해서 잔잔한 화제가 되었습니다.

조금 부연 설명을 하자면, 1억 원을 한번에 낸 걸로 아시는 분들이 많던데 제가 그렇게 돈이 많은 사람은 아닙니다. 향후 1억 원까지 기부를 하겠다는 '약정'이었어요. 푸르메재단을 운영하는 백경학 상임이사가 대학 친구인데 늘 열심히 장애인 사업을 하는 게 보기 좋았고요, 언젠가 저도 기회가

된다면 크게 한번 지원해주고 싶은 생각이 있던 차에 앞으로 더 열심히 지원하자는 뜻에서 기부 약정을 했던 거죠. 꼭 하고 싶었던 일을 하고 나니 정말 기분 상쾌했어요. 그런데 공무원 월급이란 건 빤히 정해진 거라서 약정을 채우려면 책을 많이 팔아야 해요. 인세 수입이 가장 큰 보탬이 되거든요.

—— '집에 애기 분유 값 떨어졌으니 책 좀 사다오, 친구들아'라고 글을 올려 많은 사람들을 웃게 만들었던 것과

같은 맥락이네요.

그거야말로 농담인 줄 아시면서. (웃음)

—— 앞으로 임기가 1년 정도 남으신 거죠? 향후 계획은 어
 떠세요? 과학 행정가로서 더 일하실 계획인가요, 과
 학 커뮤니케이터나 저술가로서의 활동에 시간을 더
 쓰실 건가요?

글쎄요. 제가 정할 수 있는 일은 아니에요. 여태 제가 뭘
하겠다고 해서 한 일도 없어요. 그때그때 귀인들이 나타나서
기회를 주든지, 정보를 주든지, 아니면 독려를 하더라구요.
아마 이번에도 그렇지 않을까요? (지금 이 글을 읽고 있는 분
들이 압박을 좀 느끼셔야 할 텐데요.) 과학 행정가로서 또 다른
기회가 생긴다면 마다하지 않을 겁니다. 물론 과학 커뮤니케
이터로서 본격적으로 활동하고 싶은 마음도 커요. 예를 들
면, 제 이름을 붙인 EBS 과학 프로그램 같은 것을 만들 수 있
으면 좋겠어요.

—— 과학자가 되고 싶은 청소년들이 많이 찾아오죠? 그들
 에게 어떤 조언을 해주시나요?

우선 재미있는 책을 많이 읽으라고 말해주곤 해요. 저
뿐만이 아니라 많은 과학자들이 어려서부터 책을 좋아했고
청년 시절에는 문학도들이었어요. 세상에 대한 호기심과 관
심이 높다보면 자연스럽게 그 원리가 궁금해지는 때가 오고

그때부터 과학 공부는 본격적으로 하면 됩니다. 인생의 힘은 과학책이 아니라 문학책에서 옵니다. 과학자가 되고 싶어요? 그러면 문학을 손에서 놓지 마세요. 과학자가 되면 과학책과 논문은 어차피 죽을 때까지 읽을 수밖에 없어요.

—— 4차 산업혁명으로 인해 자녀의 장래에 걱정이 많은 부모님들께 한 말씀 해주신다면?

자녀가 충분히 자고, 놀고 싶을 때 놀 수 있고, 읽고 싶은 걸 읽게 해주세요. 부모는 무한한 애정과 책임감을 가지고 자녀를 좋은 방향으로 지도해주고 싶겠지만, 앞으로 20년 동안 지금 우리가 알고 있는 직업의 태반이 없어질 거라는 이야기가 뭘 의미하나요. 부모가 알고 있는 지식과 경험을 강요하다가 오히려 일을 그르칠 가능성이 높다는 거죠. 인공지능이 이미 바둑 챔피언을 이기는 상황에서 인간이 잘할 수 있는 건 뭘까요. 오히려 잘 놀고, 잘 즐기고, 감정 표현을 잘하고 이런 쪽에서 경쟁력이 생기겠죠.

또 하나만 더 이야기하자면, 과학은 높게 보고 기술은 경시하는 태도를 좀 바꿔주세요. 과학과 기술은 같은 것은 아니지만 함께 발전하는 것이거든요. 기술을 경시하면 과학 발전도 어려워요. 과학적 원리의 발견은 그것을 생활에 적용할 수 있는 기술력을 만나지 못하면 의미가 없습니다. 저희 집이 연탄으로 난방을 하다가 보일러로 바꾸기로 했어요. 그때 안방은 소방관인 아버지가 보일러를 깔고 제 방은 제가 보

일러를 깔았죠. 저는 열역학 법칙에 정통한 과학자고 아버지
는 그런 건 도통 모르시는 분이었지만 공사를 끝내고 나니 안
방은 절절 끓는데 제 방은 냉방이었어요. 이렇게 실제 우리
삶을 바꾸는 게 기술이고 그런 기술을 터득하려면 많은 시간
이 필요합니다. 우리는 여전히 기술을 낮게 보는 경향이 있
습니다.

　　아이들이 나이에 걸맞게 자랄 수 있고, 과학자는 실패
를 두려워하지 않고, 기술자는 우대받는 사회가 된다면, 4차
산업혁명이 그렇게 걱정할 일은 아닐 거예요.

―― 긴 시간 동안 답변 감사합니다. 이번에는 독자를 대신
　　하여 출판사에서 인터뷰를 했지만 『저도 과학은 어렵
　　습니다만 3』이 나올 때는 희망 독자들이 직접 참여하

는 대화 시간을 마련했으면 좋겠군요.

벌써 3권 예고인가요? (웃음) 독자들과의 만남은 늘 즐겁죠. 언제든 환영입니다. 많이들 신청해주세요.